碳纳米管及其复合材料
在环境领域中的应用

邓景衡 ◎ 著

中南大学出版社
www.csupress.com.cn

·长沙·

内容简介

近些年来，纳米级的四氧化三铁在磁流体、可充电电极材料、生物成像以及环境治理等多个方面获得应用。这些四氧化三铁纳米颗粒必须粒径均一，分散性好。然而，由于磁性纳米颗粒具有各向异性，磁性纳米颗粒会发生偶极吸引而团聚，从而失去磁性纳米颗粒的性质。因此，很多研究关注于纳米粒子的稳定化。其方法是用有机化合物修饰纳米颗粒，如表面活性剂、聚合物，或在其表面镀一层无机化合物，如二氧化硅、活性炭等。

碳纳米管（CNTs）具有一维纳米尺度、高比表面积、良好的电子传导特性、高机械强度和良好的化学稳定性等特点，是一种具有优良性能的载体。碳纳米管不仅能充当载体，阻止纳米颗粒的团聚，而且可作为具有协同和杂合特性的组分，有助于提高四氧化三铁的活性。在碳纳米管上负载四氧化三铁的方法主要有：高温分解、聚合物包覆、层层组装、静电吸引及湿化学等。但是，目前获得单分散、小粒径的纳米四氧化三铁并使其均匀地负载在碳纳米管上仍然是一个挑战。因此，探索一种简单、易于控制的合成方法具有重要意义。

本书的主要目的是采用一个环境友好、容易控制的方法来制备单分散四氧化三铁并将其负载在碳纳米管上。具体的方法是，利用酸处理的多壁碳纳米管（MWCNTs）为载体，乙酰丙酮铁为铁源，以乙二醇和水作为混合溶剂，采用原位溶剂热方法来制备 Fe_3O_4 - MWCNTs。探讨不同制备条件下催化剂的活性，获得具有最优活性的催化剂。采用 X - 射线衍射（XRD）、X - 射线光电子能谱（XPS）、扫描电镜（SEM）、透射电镜（TEM）以及振动样品磁强计（VSM）等表征技术对样品进行结构、形貌、磁性特性及表面化学特性进行表征，提出

Fe_3O_4 – MWCNTs 可能形成的机理。Fe_3O_4 – MWCNTs 用于催化降解阴离子和阳离子型染料。

（1）溶剂热原位合成 Fe_3O_4 – MWCNTs 催化剂。研究结果表明：溶剂中水的含量不仅影响四氧化三铁纳米颗粒的大小、晶相、形貌，而且也影响催化剂的催化活性。当水/乙二醇的比例为 0∶10 时，Fe_3O_4 纳米颗粒在碳纳米管上形成团聚体，直径为 55 ~ 110 nm；当水/乙二醇的比例为 1∶10 时，Fe_3O_4 呈花瓣状生长在碳纳米管上，直径为 14 ~ 40 nm；当水/乙二醇的比例为 2∶10 时，TEM 显示 Fe_3O_4 纳米颗粒直径为 4.2 ~ 10 nm，平均直径为 7.4 nm，四氧化三铁负载在碳纳米管上呈现单分散。而且，Fe_3O_4 – MWCNTs 催化活性最高。

（2）合成 Fe_3O_4 – MWCNTs 的反应温度、反应时间、Fe_3O_4 负载量以及溶剂比对催化剂的催化活性有很大的影响。反应温度为 260℃、保温时间为 30 min、Fe_3O_4 的负载量为 20%（质量浓度）、水与乙二醇的体积比为 2∶10 为本合成体系的最佳条件。

（3）Fe_3O_4 – MWCNTs 可能形成机理是碳纳米管充当多相成核的晶核，碳纳米管缺陷位充当 Fe_3O_4 纳米颗粒成核位点。

（4）Fe_3O_4 – MWCNTs 对阴离子染料酸性橙Ⅱ（AOⅡ）的去除效率与溶液的 pH、H_2O_2 浓度、反应温度、催化剂用量有关。

（5）Fe_3O_4 – MWCNTs 的催化机理是由于 Fe_3O_4 – MWCNTs 催化 H_2O_2 产生羟基自由基，羟基自由基无选择性矿化有机污染物 AOⅡ。

（6）Fe_3O_4 – MWCNTs 分别降解阴离子和阳离子染料，通过对比动力学常数证实，Fe_3O_4 – MWCNTs 对阳离子型染料有更高的动力学常数。主要原因是 Fe_3O_4 – MWCNTs 的等电点的 pH 为 2.8，因此，更容易吸附阳离子型染料，提高催化效率。

目录

第2篇　碳纳米管负载 Fe_3O_4 及多相类 Fenton 催化活性研究

第3篇　Cu₂O/CNTs 的制备及超声协同催化降解有机物性能

第 1 篇

碳纳米管特性及吸附性能

内容提要

随着人们生活水平的普遍提高和对物质文化需求的增加，染料、电镀、医药、冶金等行业有毒废水以及生活污水的不达标排放，含有重金属的大气沉降作用和受污染土壤的地下水、地表水的流水作用，以及从固体废弃物场所流出的废水等来自大气、水、土壤、固废等各方面的综合污染使环境中水资源受到严重破坏。其中水资源中重金属污染是最为严重的一类污染，其危害程度不容小觑。

重金属在水中被直接分解的概率很低，不仅自身具有很大毒性，还会负载在其他物质上或与水中其他物质结合生成毒性更大的物质，特别是当废水中的重金属浓度超过一定标准浓度时，其会对人体、植物、动物等造成直接危害。探索更有效的治理重金属废水方法成为了环境领域研究者的重任。

近年来常用的处理重金属的方法包括沉淀法、氧化还原法、溶剂萃取法、离子交换法、生物处理法等。各种处理方法对废水中重金属的去除都有一定的效果，但由于普遍存在处理效率低、难以达到排放标准、对环境产生二次污染、操作过程烦琐、费用高等缺点，实际应用前景有限。相比较而言，用吸附法处理重金属废水存在较多的优点，例如采用的吸附材料成本低、可再生、来源广泛、无二次污染，同时具备经济与环境效益等的优点，应用前景十分广泛。

作为新型的优良吸附材料，碳纳米管与普通材料相比，具有物化性质好、热稳定性与化学稳定性高、机械强度高、比表面积大、内部空隙结构丰富以及容易进行修饰处理等优点。它作为吸附材料具有很大的应用空间，能有效去除净化废水中的重金属离子、有机污染物以及无机非金属离子。但是由于碳纳米管的比表面积和长径比过大，具有表面惰性，如果采用不经改性处理的碳纳米管直接吸附重金属，将由于表面基团很少且具有疏水性，而导致难以吸附可溶性重金属离子。对碳纳米管表面采用氧化改性方法，不仅可以提供新的氧化性活性基团，还可以增加吸附位点，提高其吸附性能。

碳纳米管最常见的改性方法是化学氧化。通过引用强氧化剂，将碳纳米管纯化，使碳纳米管表面含有新的氧化性官能团，进而改变碳纳米管的物化特性。在碳纳米管表面引入氧化性官能团，增加表面基团，可与金属离子产生表面化学作用，强烈吸附水中的重金属离子；此外还可以增加碳纳米管的亲水性，对水溶性金属离子的吸附具有促进作用。经硝酸或 Fenton 试剂（$Fe^{2+} + H_2O_2$）处理都能在碳纳米管表面引入大量的氧化性官能团，因此修饰碳纳米管常用的氧化方法有硝酸、硝酸/硫酸混酸等的酸氧化以及 Fenton 试剂的羟基自由基氧化。

采用硝酸氧化碳纳米管与 Fenton 试剂氧化碳纳米管，对这两种改性方法进行分析对比，通过对比其吸附去除率得出更佳的改性方法，并探讨影响改性碳纳米管对镍离子吸附效率的各种因素，研究其吸附等温线、吸附动力模型。

第 1 章　材料与方法

1.1　仪器

试验用仪器设备如表 1 - 1 - 1 所示。

表 1 - 1 - 1　试验用仪器设备列表

仪器	型号	生产厂家
电热鼓风干燥箱	DHG - 9040A	宁波江南仪器厂
可见光分光光度计	722SP	上海棱光技术有限公司
电子天平	JA2603B	上海天美科学仪器有限公司
恒温振荡箱	HZ - 9211KB	太仓市科教器材厂
电子恒温水浴锅	DZKW - 4	北京中兴伟业仪器有限公司
循环水式多用真空泵	SHB - Ⅲ	郑州长城科工贸有限公司

1.2　试验试剂

试验用试剂如表 1 - 1 - 2 所示。

表 1 - 1 - 2　试验用试剂列表

试剂名称	试剂规格	生产厂家
硝酸	分析纯	成都金山化学试剂有限公司
硫酸亚铁	分析纯	天津市大茂化学试剂厂

续表1-1-2

试剂名称	试剂规格	生产厂家
过氧化氢	分析纯	成都金山化学试剂有限公司
氨水	分析纯	天津市大茂化学试剂厂
硫酸镍	分析纯	天津市北联精细化学品开发有限公司
柠檬酸	分析纯	广东省化学试剂工程技术研究中心
碘	分析纯	南京化学试剂有限公司
丁二酮肟	分析纯	上海凌峰化学试剂有限公司
$Na_2 - EDTA$	分析纯	成都金山化学试剂有限公司

1.3　实验方法

1.3.1　碳纳米管的处理

（1）碳纳米管的酸处理。

在 20 mL 浓硝酸中放入 1.00 g 碳纳米管，在 100℃下煮沸 1 h。冷却至室温，用蒸馏水不断洗涤调节 pH 为 6～7 后，抽滤，用鼓风干燥炉中 100℃烘干，烘干后研磨备用。

（2）碳纳米管的羟基自由基处理。

在 30 mL、1 mol/L 的 FeSO$_4$溶液中放入 1.00 g 碳纳米管，调节 pH 为 3，然后加入 30%（约 9.60 mol/L）的 H$_2$O$_2$溶液 30 mL，室温下超声处理 2 h，用蒸馏水不断洗涤调节 pH 为 6～7 后，抽滤，用鼓风干燥炉 100℃烘干，烘干后研磨备用。

1.3.2　镍离子标准曲线的绘制

在 50 mL 小烧杯中，分别移入 50 mg/L 的镍离子溶液 0 mL、1.00 mL、2.00 mL、3.00 mL、4.00 mL、5.00 mL，在每个小烧杯中依次加入各配置好的显色剂，振荡摇匀进行显色反应。显色 7 min 左右，将试剂滴入比色皿，在可见光分光光度计波长为 530 nm 处，测定试剂吸光度 A。结果如表 1-1-3、图 1-1-1所示。

表1-1-3　镍离子的标准曲线数据

质量/μg	0	50	100	150	200	250
A	0.00	0.24	0.49	0.67	0.91	1.24

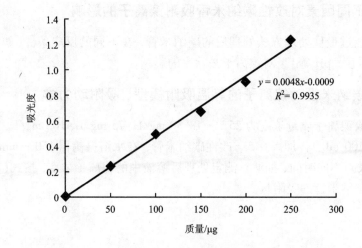

图 1-1-1 镍离子的标准曲线

1.3.3 经处理后的碳纳米管对镍离子的吸附去除

在 50 mL 质量浓度为 50 mg/L 的镍离子溶液中加入 0.2 g 改性碳纳米管进行吸附反应,调节溶液 pH 为 6,在水浴振荡器 150 r/min、25℃的条件下反应 90 min,吸附结束后过滤去掉碳纳米管滤渣并测定滤液中镍离子浓度,按式(1-1-1)和式(1-1-2)计算吸附量和吸附率,对比得到去除效率更高的处理方法。

$$Q_t = \frac{(C_0 - C_t) \times V}{W} \qquad (1-1-1)$$

$$D = \frac{(C_0 - C_t)}{C_0} \times 100\% \qquad (1-1-2)$$

式中:Q_t——t 时刻吸附量,mg/g;

C_0——金属离子的初始质量浓度,mg/L;

C_t——在 t 时刻金属离子的浓度,mg/L;

V——溶液体积,L;

W——吸附剂质量,g;

D——吸附率,%。

1.3.4 不同因素对改性碳纳米管吸附镍离子的影响

研究经过最佳处理方法处理后的碳纳米管，在不同的反应条件（如重金属浓度、反应温度、pH 等）下对镍离子去除率的影响。

1.3.5 碳纳米管对镍离子的等温吸附模型、吸附动力学

分别取镍离子质量浓度为 25 mg/L、50 mg/L、75 mg/L、100 mg/L、125 mg/L 的溶液各 100 mL，各加入 0.5 g 改性碳纳米管，在水浴振荡器 150 r/min、25℃ 的条件下，吸附不同时间，抽滤。测定处理后溶液中的镍离子浓度，按式（1-1-1）计算改性碳纳米管的吸附量。

第 2 章　结果与分析

2.1　两种处理方法处理的碳纳米管对镍离子的吸附去除率

　　分别用硝酸氧化的碳纳米管和 Fentan 试剂氧化的碳纳米管吸附 50 mL 质量浓度为 50 mg/L 的镍离子溶液，测得处理后溶液中镍离子的吸光度，由图 1 – 1 – 1 镍离子标准曲线得到溶液中镍离子的质量，分别由式(1 – 1 – 2)算出其去除率，比较处理效果。实验表明：经硝酸氧化的碳纳米管处理后的溶液中镍离子的吸光度为 0.85，对应的去除率为 29%；经 Fentan 试剂氧化的碳纳米管处理后的溶液中的镍离子的吸光度为 1.09，对应的去除率为 9.2%。因此经硝酸氧化的碳纳米管的处理效果更好。这两种方法都能将大量的羰基引入碳纳米管表面，但不同的是，羧基自由基在经 Fentan 试剂处理的碳纳米管表面引入量较少。这可能是由于表面产生的羧基被强氧化性 OH·氧化，进而导致自由基减少；而强酸能将碳纳米管表面"剪切"成短的管子，大量的羧基和羰基产生，因此强氧化性自由基能在酸处理的碳纳米管表面被大量引入，此方法对碳纳米管的改性程度更大。

2.2　不同因素对酸处理的碳纳米管吸附镍离子的影响

2.2.1　不同重金属浓度对改性碳纳米管吸附去除率的影响

　　在 100 mL 锥形瓶中，分别移入 50 mL 初始质量浓度为 25 mg/L、50 mg/L、75 mg/L、100 mg/L、125 mg/L 的镍离子溶液，在各样品中加入改性碳纳米管 0.2 g，调节 pH 为 6，在水浴振荡器 150 r/min、25℃的条件下反应 90 min，抽滤。测定处理后溶液中镍离子的吸光度，通过图 1 – 2 – 1 镍离子标准曲线得到处理后的溶液中镍离子质量，由式(1 – 1 – 2)计算吸附率。

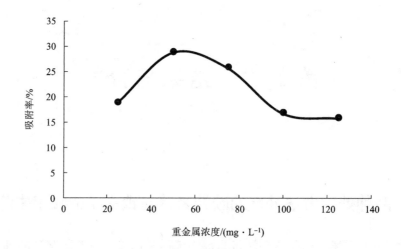

图1-2-1 重金属浓度与改性碳纳米管吸附率的关系

由图1-2-1可得，加入改性碳纳米管质量一定，改性碳纳米管对镍离子的吸附率随着镍离子初始浓度的增加呈现先增后低的趋势，并在镍离子初始浓度为50 mg/L时吸附率达到最大。这是因为，起始镍离子质量浓度低时，镍离子占据改性碳纳米管活性位点的比例很少，剩余活性位点较多，镍离子被大量吸附。当镍离子浓度增加时，镍离子更容易与碳纳米管的吸附位点结合，充分地利用剩余活性位点，吸附率增加。然而表面吸附位点是有限的，当溶液中镍离子浓度过大时，吸附位点已经被全部占据，所以此时再增加镍离子的浓度，其吸附率将下降。本实验中，当镍离子初始质量浓度从25 mg/L增加到50 mg/L时，吸附率从19%上升到29%；当镍离子溶液从50 mg/L增加到125 mg/L时，吸附率从29%下降到16%，因此加入0.2 g碳纳米管对质量浓度为50 mg/L的镍离子溶液吸附率最高。

2.2.2 反应温度对改性碳纳米管吸附去除率的影响

在50 mL质量浓度为50 mg/L的镍离子溶液中加入酸改性碳纳米管0.2 g，调节溶液pH为6，在水浴振荡器150 r/min、设置不同温度梯度的条件下反应30 min。抽滤，测定处理后滤液中镍离子的浓度，并计算吸附率。由图1-2-2可得，在反应过程中，增加温度，吸附率降低。从而可知此吸附过程属于放热反应。因此在实际操作中，通常将吸附反应温度控制在25℃左右最适宜。

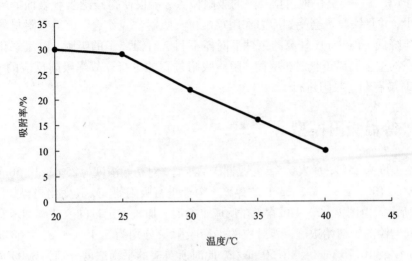

图1-2-2　温度与改性碳纳米管吸附率的关系

2.2.3　pH 对改性碳纳米管吸附去除率的影响

在 50 mL 质量浓度为 50 mg/L 的镍离子溶液中加入酸改性碳纳米管 0.2 g，设置 pH 梯度，在转速 150 r/min、25℃的条件下反应 30 min。抽滤，测定处理后溶液中的镍离子浓度，计算吸附率。由图 1-2-3 可得，体系在中性偏酸性的条件下，对镍离子的去除率最高。体系 pH 过低，不利于对镍离子的吸附。这主要是由于氢离子也能与表面吸附活性位点结合，在 pH 很低的条件下，生成的水和

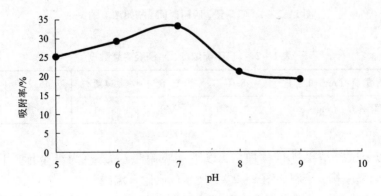

图1-2-3　pH 与改性碳纳米管吸附率的关系

氢离子(H_3O^+)会更快地占据有限的吸附位点,不仅使得碳纳米管表面的吸附位点减少,并且镍离子会受到斥力作用很难再与吸附位点结合,使得吸附材料的吸附性能降低。而在 pH 较高的条件下同样不利于对镍离子的吸附,以氢氧化物形态存在的重金属离子很难被吸附,阻碍吸附过程的进行。故当吸附反应的 pH 为6~7 时最有利于吸附进行。

2.3　等温吸附模型

在温度为 25℃,加入 0.5 g 酸改性碳纳米管,对初始浓度为 25 mg/L、50 mg/L、75 mg/L、100 mg/L、125 mg/L 的镍离子溶液进行吸附研究,其变化趋势如图 1 - 2 - 4 所示。由图 1 - 2 - 4 可得,在反应平衡时,加入一定量的改性碳纳米管,对于不同的镍离子初始浓度,其对应的平衡吸附量分别为 3.40 mg/g、5.68 mg/g、8.04 mg/g、10.76 mg/g、12.50 mg/g,此时所对应的平衡浓度分别为 8.00 mg/L、21.60 mg/L、34.80 mg/L、46.20 mg/L、62.50 mg/L,如表 1 - 2 - 1 所示。

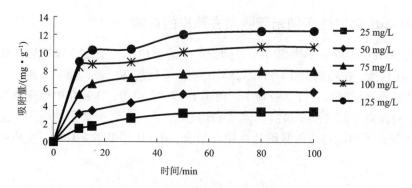

图 1 - 2 - 4　吸附量、吸附时间、初始浓度的关系

表 1 - 2 - 1　平衡浓度、平衡吸附量数据

平衡浓度 $C_e/(\text{mg} \cdot \text{L}^{-1})$	8.0	21.6	34.8	46.2	62.5
平衡吸附量 $Q_e/(\text{mg} \cdot \text{g}^{-1})$	3.40	5.68	8.04	10.76	12.50

将以上试验结果进行整理后,以平衡吸附量(mg/g)为纵坐标,平衡浓度(mg/L)为横坐标,绘制如图 1 - 2 - 5 所示的吸附等温线。

有两类模型最常用来拟合水处理中吸附等温线。一类是 Langmuir 吸附等温模型:

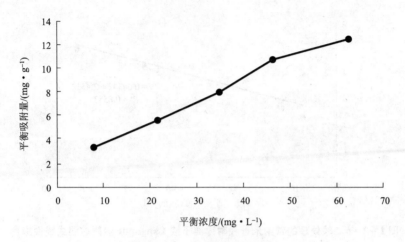

图 1 - 2 - 5　吸附等温线

$$Q_e = \frac{bqC_e}{1 + bC_e} \qquad (1 - 2 - 1)$$

式中：q——饱和吸附量（mg/g）；

b——与吸附过程焓变、温度等有关的常数（L/mg）。

将式（1 - 2 - 1）改写为式（1 - 2 - 2）形式：

$$\frac{C_e}{Q_e} = \frac{1}{qb} + \frac{C_e}{q} \qquad (1 - 2 - 2)$$

另一类是 Freundlich 吸附等温模型，表示为：

$$\lg Q_e = \lg k + \frac{1}{n}\lg C_e \qquad (1 - 2 - 3)$$

式中：k——常数；

n——常数，通常 $n > 1$。

在研究哪一种等温吸附模型更适宜描述吸附等温线时，必须对实验数据运用不同的吸附公式进行数学计算，经比较得出哪一种吸附公式更符合本实验吸附等温线的表达。

采用 Langmuir 吸附等温方程式（1 - 2 - 2）对实验数据进行计算整理绘图，纵坐标为 $\dfrac{C_e}{Q_e}$，横坐标为 C_e，如图 1 - 2 - 6 所示。

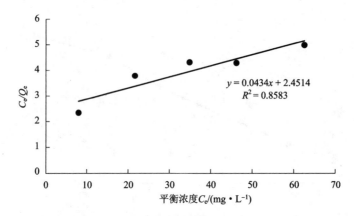

图 1 – 2 – 6　酸处理的碳纳米管吸附镍离子按 Langmuir 吸附等温式线性拟合

由图 1 – 2 – 6 可以看出，酸处理碳纳米管吸附镍离子按 Langmuir 吸附等温式线性表示为

$$\frac{C_e}{Q_e} = 2.4514 + 0.0434 C_e \qquad\qquad (1-2-4)$$

$$R^2 = 0.8583$$

通过式(1 – 2 – 4)可以得出酸改性碳纳米管的单分子层饱和吸附量 q 为 23.0 mg/g，常数 b 为 0.017。

采用 Freundlich 等温式(1 – 2 – 3)对实验数据进行计算整理绘图，纵坐标为 $\lg Q_e$，横坐标为 $\lg C_e$，如图 1 – 2 – 7 所示。

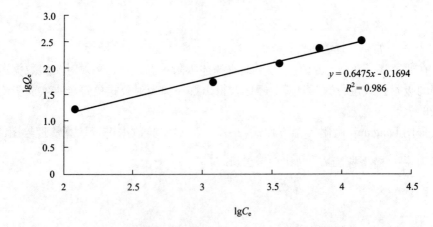

图 1 – 2 – 7　酸处理的碳纳米管吸附镍离子按 Freundlich 吸附等温式线性拟合

由图 1 - 2 - 7 可以看出，酸处理碳纳米管吸附镍离子按 Freundlich 吸附等温式线性表示为

$$\lg Q_e = 0.6475 \lg C_e - 0.1694 \qquad (1 - 2 - 5)$$
$$R^2 = 0.986$$

通过式(1 - 2 - 5)可以得出 Freundlich 常数 $\lg k = -0.17$，$n = 1.54$。

由图 1 - 2 - 6、图 1 - 2 - 7 对比，从两种吸附等温式线性拟合相关系数可以得出，酸改性碳纳米管对镍离子的吸附过程按照 Freundlich 吸附等温式线性表达更为贴切。

2.4 吸附动力学(吸附动力模型)

有许多模型可以用来描述关于吸附速率的表达式。

准一级动力学线性表达方程式为：

$$\lg(Q_e - Q_t) = \lg Q_e - \frac{k}{2.303}t \qquad (1 - 2 - 6)$$

式中：k——一级吸附速率常数($\min^{-1}$)；

t——吸附时间($\min$)。

准二级动力学线性表达方程式为：

$$\frac{t}{Q_t} = \frac{1}{k_2 Q_e^2} + \frac{1}{Q_e}t \qquad (1 - 2 - 7)$$

分别采用各线性表达方程式对图 1 - 2 - 4 的数据进行计算处理，结果分别如表 1 - 2 - 2 及图 1 - 2 - 8、图 1 - 2 - 9 所示。

表1 - 2 - 2　不同初始浓度 Ni^{2+} 的各模型拟合相关系数

初始 Ni^{2+} 浓度/ ($mg \cdot L^{-1}$)	准一级动力学模型 R^2	准二级动力学模型 R^2
25	0.8218	0.9011
50	0.9247	0.9565
75	0.9756	0.9913
100	0.9209	0.9929
125	0.9863	0.9421

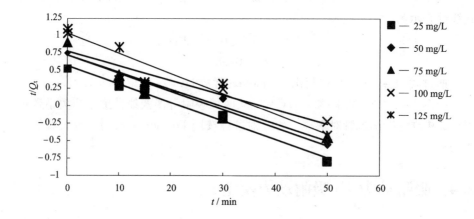

图 1-2-8 准一级动力学模型拟合效果

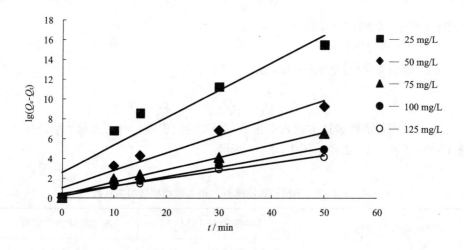

图 1-2-9 准二级动力学模型拟合效果

由表 1-2-2 及图 1-2-8、图 1-2-9 可得,准一级动力学模型对低浓度镍离子的吸附过程拟合效果很差,而准二级动力学模型对不同浓度镍离子的吸附过程拟合的相关系数均在 0.90 以上。综合来看,酸改性碳纳米管对不同初始浓度 Ni^{2+} 的吸附过程遵循准二级动力学模型。

2.5　小结

本研究首先通过对两种不同方法处理的碳纳米管的吸附性能进行研究对比，对比出更佳的处理方法，进一步研究酸改性碳纳米管对镍离子的吸附反应的影响因素，并且运用数学方法通过线性表达方程式拟合等温吸附模型和吸附动力学模型。本研究得到如下结论：

（1）经硝酸氧化的碳纳米管对镍离子的吸附性能比经羟基自由基氧化的碳纳米管的吸附性能更好。

（2）酸改性碳纳米管吸附镍离子的最佳反应条件为温度 25℃、pH 6～7。

（3）酸改性碳纳米管的单分子层饱和吸附量 q 为 23.0 mg/g；整个吸附反应达到反应平衡的吸附时间只需 50 min。

（4）经过对酸改性碳纳米管吸附镍离子的吸附等温线拟合分析，该吸附过程更适宜用 Freundlich 吸附等温式线性表达。

（5）经过对酸改性碳纳米管对不同浓度镍离子的吸附动力学数据进行拟合，该吸附过程遵循准二级动力学模型。

第 2 篇

碳纳米管负载 Fe_3O_4 及多相类 Fenton 催化活性研究

第 1 章　前　言

1.1　纳米磁性铁化合物材料的研究现状

1.1.1　概述

　　纳米材料中存在着很多不同于常规材料的独特效应,使纳米材料具有不同于常规材料的热、磁、光、力学、催化等许多物理化学特性。磁性纳米材料是近年来发展起来的一种新型材料,磁性纳米粒子不仅具有普通纳米粒子所具有的 4 个基本效应(即表面效应、量子尺寸效应、体积效应和宏观量子隧道效应),还会随着磁粒材料的组成变化而呈现异常的磁学性质,如超顺磁性、高矫顽力、低居里温度与高磁化率等特性。而在众多磁性纳米微粒中,Fe_3O_4 是一种磁性强、制备相对简单而且生物相容性较好的磁性材料,因此受到特别关注。超顺磁四氧化三铁纳米粒子在磁流体、催化、磁热疗、磁分离、磁运输、核磁共振成像(MRI)等多个方面获得广泛应用。这些纳米四氧化三铁要求粒径均一,分散性好。因此,磁性纳米粒子的尺寸和形状控制成为当前纳米科学的研究热点。

1.1.2　纳米磁性铁化合物材料制备

　　近年来,国内外已发展出多种能有效制备 Fe_3O_4 纳米粒子的方法,包括机械球磨法、共沉淀法、水热法、溶胶 - 凝胶法、微乳液法和热分解法等。然而,这些方法有的步骤较多,有的所用化学原料较多(4 种以上),有的用到剧毒药品,有的只对铁氧体纳米晶进行形貌或粒径的调控合成。共沉淀法、微乳液法和超声分解法制备出的 Fe_3O_4 纳米颗粒粒径不均一、结晶度较差、磁响应脆弱。高温分解铁有机物法是将铁前驱体如 $FeCup_3$、$Fe(acac)_3$、$Fe(CO)_5$,高温分解得到铁原子,再由铁原子生成铁纳米颗粒,将铁纳米颗粒控制氧化得到氧化铁。Rockenberger 等在三辛胺中加热分解 $FeCup_3$,得到了单分散性的磁性纳米颗粒。采用相类似的方法,Sun 等也以 $Fe(acac)_3$ 为原料制备出了单分散性的磁性纳米粒子。此类方法制得的纳米颗粒结晶度高、粒径可控且分布较窄，缺点是颗粒的水溶性较差，限制了其在生物医学方面的应用。

1.1.3　纳米 Fe_3O_4 的应用

　　纳米磁性材料无论是在纳米材料共有的基本特性方面，还是在磁性材料特有的若干方面，都有与块状材料不同的特性。正是利用这些特性，我们可以制造出许多具有特异功能的新材料。如纳米磁性材料具有多种特别的纳米磁特性，可制成纳米磁膜（包括磁多层膜）、纳米磁粉和磁性液体等多种形态的磁性材料，因而已在传统技术和高新技术、工农业生产和国防科研以及社会生活中获得了广泛而重要的应用。

1.1.3.1　生物医学领域

　　磁性纳米材料毒副作用小，生物兼容性好，具有众多的生物学应用功能。

　　(1)核磁共振成像造影(MRI contrast agents)：纳米磁颗粒能通过改变组织在核磁共振下的弛豫时间，从而影响组织的信号强度，提高不同组织在核磁共振成像中的对比度，由此可以更早地发现病变组织。与传统的顺磁性磁共振造影剂(如 Gd – DTPA)相比，超顺磁的纳米磁颗粒用量少，作用时间长，毒副作用低，成像效果好。最常用于 MRI 造影的纳米磁颗粒是葡聚糖(Dextran)包覆的四氧化三铁颗粒，目前已经有商品化的试剂提供。在这一领域，美国哈佛大学医学院的 Weissleder 教授课题组做出了开创性同时也是决定性的工作。他们首先将 Dextran 包覆到四氧化三铁纳米颗粒表面，用于增强 MRI 信号；还通过原位合成(in situ)的方法制备了水化半径只有 50 nm 左右的超稳定造影剂，人体循环半衰期为 80 min，成功应用于体内成像；除了 Dextran 之外，柠檬酸包覆的超小磁颗粒(VSOP)也被开发出来，专门用于体内血管 MRI 造影。

　　(2)磁热疗(magneto hyperthermia)：超顺磁性的纳米颗粒在交变磁场下能够通过弛豫产生大量的热量，杀死肿瘤细胞，达到治疗肿瘤的目的。其技术关键是磁颗粒进入目的位置且能够产生足够的热量。因此如何通过修饰使得磁颗粒具有组织靶向性，以及如何提高单位磁颗粒的生热效率(SAR)是该领域的两大研究课题。如 Wang 等用碘化油分散的纳米磁颗粒作为肝肿瘤的栓塞热疗试剂，取得了显著的疗效。

　　(3)磁分离(magnetic separation)：纳米颗粒作为 DNA、蛋白等生物分子的提取载体已经取得了广泛的应用。最有代表性的就是二氧化硅微球提取 DNA 的技术。将磁颗粒复合到纳米载体上，使得这些材料在携带上目的分子之后，能在磁场下快速分离富集，提高生物分离的产率和效率。在磁分离中，载体颗粒需要在撤去磁场后快速分散开，释放携带的分子，因此这里使用的必须是没有剩磁的超顺磁性纳米颗粒。

（4）磁靶向（magnetic targeting）：传统的技术很难使得药物分子只作用在特定的机体组织。而磁靶向技术能得到磁响应性的药物运输系统，磁性靶向药物载体能将药物输送到病变区并释放，减少药物对其他部位的毒副作用，更好地发挥抗癌作用，在临床医学上具有广阔的应用前景。Fe_3O_4 与生物相容性较好，是医学领域常采用的磁性载体材料。磁性纳米材料被广泛用作各种抗癌药物的载体，形成一种磁靶向给药系统。例如，Plank 等报道了磁性气溶胶药物可以通过磁场控制进入某一侧的肺组织内，大大提高给药的效率。

1.1.3.2　磁流体

磁流体又称磁性液体、铁磁流体或磁液，是一种由磁性粒子、基液以及表面活性剂三者混合而成的、具有超顺磁特性的稳定的胶状溶液。该流体在静态时无磁吸引力，当有外加磁场作用时，才表现出磁性。它既有固体磁性材料的磁性，又有液体的流动性质，可被外界磁场控制、定位和移动，因而它在声、光、电、热、磁等方面显示出十分独特的物理特性，其研究也成为国内外热门课题。

磁性液体可用作机械密封的旋转轴密封（动密封），利用磁性液体既是流体又是磁性材料的特点，可以把它吸附在永久磁铁或电磁铁的缝隙中，使两个相对运动的物体得到密封，形成液体"O"形环，用于精密仪器、精密机械、气体密封、真空密封、压力密封等。动密封可实现零泄漏，具有密封液用量少、防震、无机械磨损、小摩擦、低功耗、无老化、自润滑、寿命长、转速适应范围宽、结构简单、对轴加工精度及光洁度要求不高、密封可靠等优点，应用最广。

1.1.3.3　磁记录

全球存储技术的总体趋势是不断提高记录密度和存储容量。由于无机纳米磁性材料尺寸小，具有单磁畴结构、矫顽力高等特点，用它制作的磁信息材料可以提高信噪比，改善图像质量；同时无机纳米磁性材料还具有耐磨损、抗腐蚀等优异的力学和化学性质。因此无机磁性纳米颗粒作为一种具有潜在使用价值的高密度信息介质，日益受到人们的关注。目前磁记录材料仍是最重要的信息存储材料之一，Fe_3O_4 具有特殊的半金属铁磁特性。刘飞等利用等离子体溅射 $\alpha-Fe_2O_3$ 基底的方法，在未使用任何模板和催化剂的条件下，第一次成功地制备了大面积高定向的一维 Fe_3O_4"纳米金字塔"阵列，制得的新型 Fe_3O_4 纳米层状结构为垂直于基底沿着[001]方向生长、平均长度为 3 μm、直径约为 200 nm 的反尖晶石单晶结构；饱和磁化强度为 52.5 emu/g，矫顽力为 79.0 Oe，比块体材料略有下降。同时，他们给出了这种新奇纳米金字塔结构可能的生长过程和形成机理。这种等离子体溅射生长大面积 Fe_3O_4"纳米金字塔"结构的方法及其奇特的纳米层状结构的获得对高密度信息存储和纳米结构的磁性研究具有重要意义。电子计算机中的磁自旋随机存储器、磁电子学中的自旋阀磁读出头和自旋阀三极管等都是应用多层纳米磁膜研制成的；卫星通信中应用的磁微波材料和器件、光通信中应用的磁光材料和器件也都要应用一些特殊的纳米磁性材料。

1.1.3.4 环境领域

四氧化三铁是一种反尖晶石结构化合物。Fe^{3+} 的一半占据了四面体的中心位置，而全部 Fe^{2+} 和另一半的 Fe^{3+} 位于八面体的中心位置。Fe^{2+} 和 Fe^{3+} 在八面体空位，能发生电子交换，Fe^{2+} 能可逆地氧化和还原。磁性四氧化三铁在处理有机污染物方面，既可以氧化也可以还原有机污染物。而且四氧化三铁具有容易回收和重复利用的优点。Si 等利用纳米和微米四氧化三铁对除草剂 2，4 - 二氯苯氧乙酸(2，4 - D)进行脱氯还原，在起始浓度为 50 μmol/L、催化剂为 300 mg/L、48 h 内 65% 反应物被转化。很多研究者报道四氧化三铁作为 Fenton - like 催化剂比针铁矿(geothite)和赤铁矿(hemitate)能更有效地氧化降解有机污染物。如 Chen 等利用四氧化三铁降解活性黑 5。Wang 等用四氧化三铁来降解罗丹明 B，在宽的 pH 范围显示很好的降解能力。在 pH 为 5.0、温度为 55℃ 的条件下，0.02 mmol/L 的罗丹明大约能降解 95%。基于 Fe$_3$O$_4$ 的化学传感器用于环境检测 H$_2$O$_2$，H$_2$O$_2$ 浓度在 4.0～5.0 mmol/L 范围内呈线性相关($r = 0.999$)。当 pH 在 3 和 7 时，检测线分别为 7.6 μmol/L 和 7.4 μmol/L($S/N = 3$)。而且，基于 Fe$_3$O$_4$ 的化学传感器的稳定性也很高。室温下半衰期为 9 个月，4℃ 半衰期为 24 个月。

1.1.3.5 模拟酶

Yan 等首次发现四氧化三铁纳米颗粒具有类似过氧化物酶的催化活性，与辣根过氧化氢酶一样，最佳 pH 和温度分别为 3.5 和 40℃，在适当过氧化氢底物浓度范围内符合典型的 Michaelis - Menten 动力学。Yan 等还提出了氧化铁纳米颗粒模拟酶的概念，并利用这种模拟酶来降解有机污染物苯酚。在最佳实验条件下，苯酚去除率达 85%，TOC 去除率达 30%，重复 5 次催化活性几乎不变。这种纳米颗粒模拟酶与聚合物或生物模拟相比，酶具有制备简单、经济、耐高温和耐酸碱等诸多优势，为模拟酶的研究提供了新的思路。

1.2 纳米材料新功能——模拟酶特性

1.2.1 纳米模拟酶

酶的高度催化活性以及酶在工业应用上带来的巨大经济效益，促使人们对酶的功能进行模拟，努力去寻找一种既具有高效、高选择性的功能，又具有结构简单稳定、价廉易得等优点的非蛋白质分子。通常，人们将人工合成的具有类似酶活性的高聚物称之为人工合成酶(artifical enzyme)或模拟酶(mimetic enzyme)。模拟酶是 20 世纪 60 年代发展起来的一个新的研究领域，是仿生高分子学的一个重要的内容。目前模拟酶的研究主要有以下几方面：模拟酶的金属辅基和模拟酶的活性功能基。近年来发现无机纳米颗粒也具有酶的性质。Dai 等发现片状的纳米 FeS 也具有过氧化物酶的性质。FeS 由于在不同温度和 pH 的溶液中比辣根过氧化酶更稳定，因此，作为 H_2O_2 的传感器也显示出更好的稳定性和重现性。无机纳米模拟酶是一种多相的酶催化剂，克服了天然酶既价格昂贵又对热、酸、碱不稳定及易变性失活的缺点。但在实际应用中无机纳米颗粒容易团聚，影响纳米颗粒的催化活性，因此，对无机纳米模拟酶需要进行稳定化处理。

1.2.2　无机纳米颗粒固载

为了避免磁性纳米粒子团聚，可将纳米粒子作为内核，外面包覆一层保护壳，形成核－壳结构。这不仅能阻止纳米粒子的团聚，还能通过表面修饰形成一些功能基团，并方便回收利用。包覆层主要有两类：一类是有机物，包括表面活性剂和聚合物；另一类是无机物，包括硅胶、活性炭、贵金属金银等。通过包覆虽然能对磁性纳米粒子起到很好的稳定作用，但同时可能减少粒子表面活性位，这虽然对材料的磁性影响可能不会很大，但可能会减少磁性纳米粒子的催化活性。自从日本科学家在 1991 年发现碳纳米管（CNTs）以来，碳纳米管因其独特的物理、化学和机械性能一直受到科学家的广泛关注，成为各学科领域的研究重点和热点。近年来对碳纳米管材料的合成和应用是纳米领域一个热门的课题，在储氢、场发射、半导体器件和力学方面的制备及应用都取得了广泛的成果。同时，碳纳米管具有比表面积大、稳定性高和可吸附大小适合其内径的分子等特点，适合作纳米颗粒的载体材料。更为重要的是，碳纳米管与被负载的金属或金属氧化物能形成杂合材料。

1.3　碳纳米管的结构和性质

碳纳米管是由单层或多层石墨片卷曲而成的无缝纳米管。它是由碳原子通过 sp^2 杂化与周围三个碳原子完全键合成的六边形平面围成圆柱面（平均 C—C 键长约为 1.42Å），由五边形或七边形构成端面封闭而成的管状物。碳纳米管的径向尺寸为纳米数量级，轴向尺寸为微米数量级，属于碳同素异构体家族中的一个新成员，是理想的一维量子材料。碳纳米管一般由单层或多层组成，因此有单壁纳米碳管（SWNT）和多壁纳米碳管（MWNT）之分。一种为单壁碳纳米管，如图 2 - 1 - 1（a）所示。单壁碳纳米管内径一般为 0.4 ~ 2.5 nm，长度从几个微米到数厘米。碳纳米管的直径在几纳米到几十纳米之间，长度可达数微米。另一种为多壁碳纳米管，如图 2 - 1 - 1（b）所示。理想的多壁碳纳米管可以看成是由多个直径不等的同轴单壁管层层包覆而成，层与层间间距固定为 0.34 nm，层数为 2 ~ 50，如图 2 - 1 - 2 所示。其直径一般为几纳米到几十纳米，长度为几十纳米到数厘米。多壁碳纳米

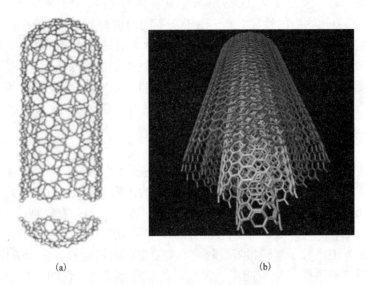

(a)

(b)

图 2 - 1 - 1 单壁和多壁碳纳米管的结构示意图

(a)单壁碳纳米管；(b)多壁碳纳米管

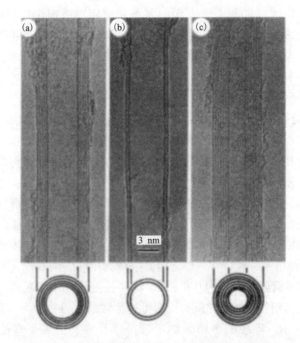

图 2 - 1 - 2 不同数量石墨层构成的碳纳米管的微观结构

管的两端也大都封闭。但由于其管径较大，封闭形式也多种多样。有的碳纳米管顶端呈现结构对称性，而有的碳纳米管顶端呈现出非对称性。还有一些多壁碳纳米管有一个明显的特点，其顶端封闭结构是一组紧密相邻的石墨层，而另外一些多壁碳纳米管的顶端封闭结构则由多组石墨层构成。

碳纳米管特殊的结构使得碳纳米管作为一维纳米材料具有特殊的性质，如在强度、韧性、比热、催化能力、导电率、扩散率、磁化率、光学、电磁波吸收性能等方面具有很多特性，展示出广阔的应用前景。

(1)力学性质。

石墨平面中 sp^2 杂化的 C—C 键是自然界中最强的化学键之一，但由于石墨层与层间的相互作用较弱，机械强度极差，因此很难用作结构材料。而碳纳米管是由碳六边形构成的无缝中空网格组成，其基面中的 C 由碳 sp^2 杂化共价键直接相连，缺陷较少，因此，碳纳米管具有极高的强度、韧性和杨氏模量。其杨氏模量可达 1 TPa，与金刚石的弹性模量几乎相同，约为钢的 5 倍，拉伸强度是钢的 60 倍，但密度仅相当于钢的 1/6。有研究证明，碳纳米管在弯曲 90°的情况下，结构依然不被破坏。上述数据都是理论上的预测，随着缺陷位的出现其值必然受到影响，但是其弹性模量仍然很高。实验研究显示，除非其压力达到 1.5 GPa，碳纳米管才有可能在压力的影响下产生结构的永久形变。低于此压力，碳纳米管的形变都是弹性的。

(2)化学性质。

碳纳米管中碳原子为 sp^2 杂化，离域的电子使得碳纳米管具有很好的化学活性。碳纳米管是良好的气敏材料，在吸附 O_2、NO_2、NH_3 和 H_2 等气体后，其自身的导电性能将发生改变。另外通过对碳纳米管的化学修饰，可以得到可溶性纳米管及碳纳米管-有机物的复合物。

(3)电学性质。

尽管碳纳米管与石墨有着非常类似的结构，它们的电子结构却相差很大。石墨是一个没有带隙的半导体，但是碳纳米管可能是金属性的也可能是半导体，这取决于碳纳米管的结构。1992 年，Hamada 等就根据理论模型分别推测出碳纳米管的导电属性与其结构密切相关，指出不同结构(如螺旋角和直径)的碳纳米管可能是导体，也可能是半导体甚至绝缘体。其中，扶手椅形的碳纳米管是金属，而满足 $n-m=3i$(其中 i 是整数)的碳纳米管是带隙非常窄的半导体。其他类型的碳纳米管都是半导体，其带隙宽度与管径有关。多壁碳纳米管的电子结构与单壁碳纳米管非常相似，这是由于管壁之间的相互作用非常小。由于碳纳米管是一种一维的电子结构，电子在金属性的碳纳米管里面是弹道输运，这使得它们可以承载很高的电流。后来，人们在用扫描隧道显微镜对碳纳米管进行的研究中证实了以上结论。

（4）光学性质。

Ichida 等通过实验研究表明碳纳米管对光吸收具有强烈的方向选择性，偏振方向平行于管轴方向时吸收最强，偏振方向垂直于管轴方向时吸收最弱。碳纳米管对红外辐射探测具有敏感度高、响应时间快、暗电流小的优点，具有作为高品质红外探测器的潜力。而其在红外激光激发下可发射出强烈的可见光，具有卓越的发光特性。大量的计算和实验表明，掺杂或缺陷后的碳纳米管由于电子结构的变化，其光学性能也发生了变化，通过第一原理计算发现：锂原子可以吸附在掺杂后的碳纳米管内外，硼的掺杂对于碳纳米管吸附锂原子具有促进作用，而氮的掺杂则减弱了碳纳米管对锂原子的吸附。除此之外，碳纳米管还有一些其他的特殊性质，如磁特性、场发射性和热学特性等。正是由于碳纳米具有这些独特的性质，使其在高强度复合材料、储氢材料、场发射装置、传感器、探测器等诸多领域都有潜在的应用前景，成为近年来最受关注的纳米材料之一。

（5）热稳定性。

碳纳米管具有较好的热稳定性。将碳纳米管、活性炭和碳纤维进行 O_2 气氛热分析，结果发现碳纳米管和碳纤维比活性炭更难氧化，需要更高的分解温度。但是，如果碳纳米管中残存有金属颗粒时，碳纳米管的分解温度将会下降；同时由于单壁碳纳米管表面的缺陷比多壁碳纳米管要少，单壁碳纳米管的热稳定性要比多壁碳纳米管高。也就是说，碳纳米管中残存的金属颗粒和表面的缺陷位将使碳纳米管的稳定性降低。但是，碳纳米管在惰性气氛和还原气氛中仍然具有较高的稳定性，这使得碳纳米管作为催化材料在惰性气氛和还原气氛条件下的应用成为可能。碳纳米管的尺寸、吸附性能、机械强度和热稳定性都是影响催化剂活性和寿命的重要参数。由于活性炭材料在反应中比较难控制及其微孔容易抑制反应，因此碳纳米管有更广的应用前景。

1.4 碳纳米管的应用

碳纳米管以其独特的化学、力学、电学、光学以及机械性能，在分子电子器件、复合增强材料、场发射、平板显示器、催化新材料以及生物材料等众多领域有着潜在的应用前景，迅速受到物理、化学以及材料等领域科学家的广泛关注，形成众多具有科学价值和潜在应用前景的研究热点。

1.4.1 碳纳米管的吸附性能

基于独特的表面化学结构与性质，碳纳米管易于液相氧化或表面负载，从而在表面形成了丰富的吸附活性位，广泛应用于气相吸附及环境水处理等方面，其作用机理不同于其他吸附材料。

碳纳米管具有独特的管腔和表面结构，这种独特的结构导致它无论对液体还是对气体都将具有显著的吸附性。开口碳纳米管可以做纳米级化学试管、虹吸管、超级吸附剂、催化剂载体、储能材料、电极材料等，因而引起了许多研究者的高度重视，尤其是在催化剂载体以及气体储存方面。

对于以束状形式存在的单壁碳纳米管来说，其主要吸附位包括管腔、管束的外表、管与管间的孔道以及管束表面两根相邻管间的凹槽。而对于没有集结成束的多壁碳纳米管来说，其吸附位主要集中于管内腔、外表面及层间。外表面的吸附位主要是由于石墨片层不完整、出现缺陷而产生。由于多壁碳纳米管表面的复杂性，多壁碳纳米管的吸附功能也相对复杂。

(1)碳纳米管作为液相吸附剂。李延辉等将碳纳米管应用到水处理中，对水中的铅离子进行吸附，指出铅离子的吸附很大程度上受到溶液 pH 的影响。此外，天然有机物由于表面积大、体积小而易于吸附在碳纳米管上。

(2)碳纳米管作为气相吸附剂，也被应用在环境保护方面。碳纳米管能对二噁英等低挥发的有机物进行吸附，吸着物和表面之间的键比吸着物之间的键要强，因此吸附被限制在单分子层，符合 Langmuir 吸附曲线。Hilding 等研究发现，直径越小的碳纳米管可以吸附越多的 C_4H_{10}，与弯曲的石墨片层的吸附情况一致。研究还表明，大量的 C_4H_{10} 分子吸附到多壁碳纳米管的外表面，只有少量吸附聚集于碳纳米管管内壁上。与此同时，其所需吸附热和压力相对于石墨片层都要明显降低。石墨片层呈闭合管状使得外表面与吸附分子之间的相互作用力减小，导致了这种性能上的差别。研究表明，对不同范德华半径的气体，其在单壁碳纳米管表面的吸附位位于凹槽位时，结合能最高，因而最难吸附，具有最低的覆盖率。另外，在单壁碳纳米管表面的结合能较之石墨片层表面的结合能要高 25% ~ 75%。吸附位有效配位数的增加导致了结合能的变化，如单壁碳纳米管管束中的凹槽位。

总之，碳纳米管相对于传统的碳质材料呈现出特殊的吸附性能。碳纳米管自身的缺陷、形态、开口/封口以及对其进行的化学修饰等都对碳纳米管的吸附性能产生了一定的影响。

1.4.2　纤维材料

碳纳米管的弹性模量可达 1 TPa，与金刚石的弹性模量相当，约为钢的 5 倍；抗拉强度达到 50 ~ 200 GPa，强度为钢的 100 倍，而密度只有钢的 1/7 ~ 1/6，理想状态下的 SWCNTs，其抗拉强度更可以高达 800 GPa。良好的力学性能，使碳纳米管成为坚韧轻便的高强度纤维材料。碳纳米管还可以与其他工程材料复合，使之成为具有良好强度、弹性、抗疲劳性及各向同性的特殊材料，从而极大地改善复合材料的性能。

1.4.3 多壁碳纳米管作为催化剂载体

在催化方面碳纳米管主要用作催化剂载体。其独特的纳米级尺寸、中空结构、更大的比表面积和吸附性能等特点，使它在加氢、脱氢和选择催化反应中显示出巨大的潜力。另外，量子效应还使它具有特异性催化和光催化等性质。所以，在催化化学中合理应用碳纳米管能够提高反应的活性和选择性。此外，碳纳米管在更多领域取得了广泛应用。

(1)加氢反应。

Planeix 等人是最早将多壁碳纳米管用作催化剂载体的。他们采用浸渍法制备出 Ru/MWNT(0.2)催化剂，并用于肉桂醛选择性加氢制备肉桂醇反应。结果显示，肉桂醛的转化率为 80%，而肉桂醇的选择性达到 92%。而同样 Ru 分散度和粒径大小的 Ru-Al₂O₃ 催化剂和 Ru-活性炭催化剂，其选择性分别只有 20% ~30% 和 30% ~40%。他们将其奇特的活性归结为 Ru 与多壁碳纳米管之间的强相互作用，但到底是结构效应还是电子效应，还有待进一步研究。

Lordi 等首次利用离子交换吸附法将金属 Pt 负载于化学修饰后的多壁碳纳米管表面，并用于肉桂醛加氢反应。活性测试发现此多壁碳纳米管负载的 Pt 金属催化剂对肉桂醇的选择性达到 90% 以上，并同时获得较高的转化率。

Nhut 等人采用独特的方法制备出碳管内径达到 180 nm 的多壁碳纳米管，并用此碳纳米管负载 Pd 催化剂用于肉桂醛加氢反应。他们首次将大部分 Pd 颗粒负载于大管径碳纳米管的内壁，且总负载量超过 95%。实验发现，此催化剂的催化活性很好，饱和醛的选择性也达到 80% 左右。

最近研究发现，碳纳米管在加氢反应体系中表现出优越的性能，除了与其本身的储氢性能有关之外，还与碳纳米管可以使活性颗粒具有更高的分散度有关，也就是说碳纳米管起了关键的分散作用。Wang 等采用液相还原法将 NiB 合金负载在碳纳米管表面用于液相苯加氢反应。将其与 Al₂O₃ 载体进行比较，发现其活性要比 Al₂O₃ 载体的高。他们发现，碳纳米管可以起到分散 NiB 合金的作用，同时 Ni 与碳纳米管直接的电子作用较强，最终导致了其高活性和高稳定性。

(2)燃料电池反应。

燃料电池是一种理想的、高效的能量转换系统，不但具备高的能量转换效率，同时是一种使用可再生燃料的清洁能源。目前，发展新型环境友好能源是当今社会发展所面临的重要课题。在未来 50 年里，化石燃料可能耗尽，特别是石油资源，加上直接燃烧化石燃料对环境带来的污染日益严重，利用可再生燃料的清洁能源——燃料电池已成为世界各国高技术竞争的热点。

在燃料电池电极催化剂中，载体起着关键的作用。好的燃料电池电极催化剂应具备以下条件：①良好的电子传输性能；②合理的孔结构，具有较多的中孔比例，满足反应气体、产物的传质要求；③优异的抗腐蚀性能。碳纳米管具有优异的中空管腔结构、出色的导电性能和高化学稳定性，故碳纳米管被认为是比活性炭更优越的燃料电池电极催化剂载体，成为目前燃料电池研究的热点。

李文震等首次将 Pt 负载在碳纳米管表面上，用于直接甲醇燃料电池的研究。在相同的条件下，碳纳米管负载的 Pt 催化剂电流密度较活性炭负载的 Pt 催化剂高 3 ~ 7 倍。

目前，燃料电池中活性最好的是 PtRu 双金属催化剂。Steigerwait 等将 PtRu 合金颗粒负载在碳纳米管上，用于直接甲醇燃料电池的研究。碳纳米管负载的 PtRu 合金催化剂的催化活性是不负载的 PtRu 合金催化剂的 2 倍，充分体现了碳纳米管对于甲醇燃料电池电极催化剂活性的促进。另外，Che 等将自制的碳纳米管电极、Pt 和 PtRu 催化剂填充的碳纳米管电极用于直接甲醇燃料电池研究。实验结果显示，碳纳米管负载的 Pt 催化剂电流密度要比块状 Pt 的高 20 倍。

1.5　碳纳米管的修饰

碳纳米管的功能化修饰从修饰方法上来说主要分为物理修饰和化学修饰两种。物理修饰是指外来分子或基团通过物理吸附等作用与碳纳米管形成一个复合体系，从而改变碳纳米管固有的物理甚至化学性质。物理修饰并不会改变碳纳米管原有的化学键结构。从修饰位置区分，物理修饰主要包括侧壁吸附和空腔填充。例如，有的研究者利用带有环状平面分子的分子体系对碳纳米管表面进行功能化，使得平面环状分子通过 π 键相互作用，与单壁碳纳米管的外壁较为紧密地结合在一起，从而形成一个稳定的复合体系。修饰分子可以根据需要选择不同的类别，从而达到功能化的效果。另外一种较为常见的物理修饰方法是管内填充。碳纳米管存在毛细吸入现象，其空腔中可以填入不同的物质，因而碳纳米管可以作为存储介质、微型反应器，也可以作为制作纳米级分子导线的模具。比如，将氢气装入碳纳米管可以使其作为氢气的储存介质，另外，在实验上，人们已经成功地将 Ag、Ni、KI、C60 等装入碳纳米管，形成一维纳米线。研究证明，不仅仅只有水、气体等小分子能填充到纳米管的空腔，单链 DNA 等生物大分子也能填充到纳米管的内部空腔。目前，对碳纳米管的空腔进行填充正逐渐成为研究热点，它在电子学、生物医学和纳米器件等方面有很好的应用前景。

一些研究还表明，通过对碳纳米管进行表面修饰，如硝酸处理、硝酸 – 硫酸混酸处理，可以明显提高金属颗粒在碳纳米管表面的分散性。Xing 报道，若将表面修饰与声化学方法结合，则可以通过溶液还原法进一步提高纳米 Pt 粒子在碳管表面的分散性，制备出均匀分散的高负载量催化剂。除了选择合适的还原工艺之外，碳纳米管的表面性质和在制备催化剂所用的悬浮液中的分散性也是影响最终 Pt 纳米颗粒分散度的重要因素。表面官能团化可以增加有利于纳米颗粒吸附的表面缺陷，显著改善碳纳米管在溶剂中的分散性，因此可以通过对碳管进行表面修饰提高催化剂的分散性。Peng 等采用浓硫酸高温处理，有效地对多壁碳纳米管进行了表面修饰，引入了磺酸基等基团，对修饰机理利用红外光谱等手段进行了完整的表征。与常用的硝酸氧化处理相比，经浓硫酸处理的碳纳米管在溶剂中具有优异的分散性能。

CNTs 虽然具有广阔的应用前景，但由于其结构的特殊性——长径比大、表面能高、极易发生团聚等，在复合材料中无法均匀分散，一直是限制其广泛应用的难点。因此，对 CNTs 进行表面修饰，已成为近年来 CNTs 研究的一大热点。CNTs 表面修饰的方法按其原理可分为非共价修饰和共价修饰；按其实施方法可分为机械修饰、化学修饰、外膜修饰以及高能表面修饰等。

1.5.1　机械修饰

机械修饰是指运用粉碎、摩擦、球磨、超声等手段对 CNTs 表面进行激活以改变其表面物理化学结构的一种方法。这种方法使 CNTs 的内能增大，表面活性增强，所以在用机械手段激活 CNTs 表面的同时，加入合适的表面改性剂，利用内能升高时，CNTs 发生晶格畸变、缺陷、无定形化等，促使 CNTs 表面活性提高、反应力增强，使改性剂与 CNTs 快速、充分相互作用，从而使改性剂均匀地覆盖在 CNTs 的表面，达到表面改性的目的。由于其良好的改性效果、相对简单的操作工艺，机械力化学改性法越来越引起人们的注意。Konya 等采用高速球磨的方法，并在球磨过程中加入一些能够改善 CNTs 表面结构的基团，实现了对 CNTs 的表面修饰。Koshio 等利用超声处理的方法，改善了 CNTs 表面结构及其性能。万森等利用低速球磨机对催化化学气相沉积法制备的 MWNTs 进行了球磨。透射电镜照片表明，低速球磨机球磨可以使 MWNTs 开口和变短，球磨 5 h 后 CNTs 开口和变短效果已经很明显；球磨 20 h 后，发现 CNTs 出现明显的团聚现象。徐吉勇等通过改变机械球磨时间制备了不同长度的 MWNTs。透射电镜照片显示，随着球磨时间的增加，CNTs 的长度变短，管壁缺陷增多。庞秋等研究了用机械球磨法制备 CNTs/Al 复合粉末的工艺过程，分别选用不锈钢球、玛瑙球和氧化锆球在干磨和湿磨（乙醇介质）两种情况下进行球磨，研究了磨球材质对 CNTs 颗粒在 Al 基中分布均匀性的影响。结果表明：干磨有利于 CNTs 的断裂与分散；不同材质的磨球所获得的混合粉体形态有很大差异，用玛瑙球可以获得最理想的分散效果。

1.5.2　化学修饰

化学修饰是指利用化学手段处理 CNTs，以期在 CNTs 上获得某些官能团，改变其表面性质以符合某些特定的要求，如表面亲水性、生物兼容性等。Chen 等用二丁基锂和二氧化碳处理 SWNTs，改善了 SWNTs 的 Zeta 电位。唐国强等将混酸处理后的 CNTs 掺溴处理，然后与苯乙烯混合，用过氧化苯甲酰引发聚合，得到黑色接枝聚苯乙烯加溴 MWNTs。王国建等以叠氮基团为中介将超支化聚对氯甲基苯乙烯（PCMS）接枝到 CNTs 表面上，实现了 CNTs 的化学修饰。经检测证明 PCMS 是以共价键形式结合到 CNTs 表面上的。在功能化过程中，CNTs 管壁上 C 的 sp^3 杂化结构随着功能化程度的增强而增加。通过控制反应的条件如温度、填充度、时间等参数，可以改变引入官能团的数量。

1.6　本研究的内容、技术路线、意义及创新点

1.6.1　本研究的内容、技术路线、意义

综上所述，随着磁性纳米材料应用范围的不断扩大，磁性粉体材料及其结构型复合纳米粒子的发展令人瞩目。在众多的磁性材料中，Fe_3O_4 是磁铁矿的主要成分，是一种古老、传统的磁性材料。由于它的诸多优点和特殊的性质，在磁性材料的科研和应用领域一直受到人们的重视。磁性 Fe_3O_4 及其复合纳米材料在许多领域有着非常重要的应用，研究 Fe_3O_4 基纳米结构的制备及性能特点有助于发现这些材料的新特性，开拓其新的应用领域，为在原子或分子水平上制造磁性微型器件打下基础。随着合成技术的发展，对磁性 Fe_3O_4 纳米粒子的尺寸和形貌控制日趋完善。然而，由于纳米材料具有高表面能，纳米颗粒容易团聚而失活，尤其是磁性纳米粒子磁偶极之间由于相互作用更容易团聚，因此，如何制备大小可控、单分散、稳定的纳米 Fe_3O_4，仍然是一项具有挑战性的工作。

本研究以酸氧化处理后的碳纳米管为载体，通过调整溶剂中水/醇的体积比，原位热解制备 MWCNTs 负载纳米 Fe_3O_4 的方法，比较分析不同水/醇的体积比、前驱物质量比、反应时间、反应温度对制备 Fe_3O_4 - MWCNTs 复合物中 Fe_3O_4 的组成、形貌、晶体结构及负载量的影响。比较不同条件下合成的 Fe_3O_4 - MWCNTs 的催化活性，从而获得高催化性能的 Fe_3O_4 - MWCNTs 最佳制备条件。以高催化活性的 Fe_3O_4 - MWCNTs 来降解阴离子染料酸性橙 II（AO II）和阳离子染料亚甲基蓝（MB），探讨不同反应条件对催化去除效率的影响。

根据研究内容设计技术路线如图 2 - 1 - 3 所示。

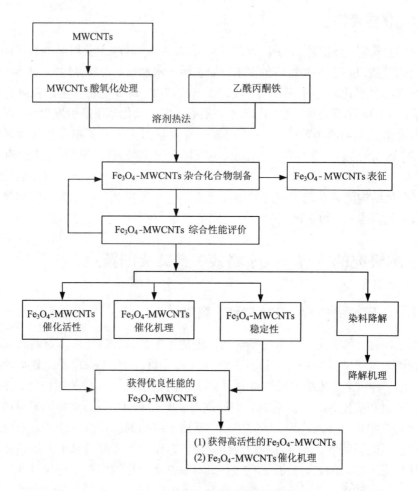

图 2-1-3　实验技术路线图

目前，纳米 Fe_3O_4 在环境检测、有机物的降解等方面的应用研究已经开展。但从催化效率来看，纳米 Fe_3O_4 的催化活性不是很高。如何提高其催化效率是人们期盼解决的问题。针对纳米 Fe_3O_4 容易团聚而失活、使用一般的载体材料容易降低其活性的问题，本研究采用功能化修饰 MWCNTs 负载 Fe_3O_4 的方法，其中 MWCNTs 不仅具有吸附有机物的特性，也可以提高 Fe_3O_4 的分散性，减少团聚，提高催化活性。本研究通过对 Fe_3O_4 - MWCNTs 可控制备和催化性能进行研究，不仅有望解决其在实际应用中的问题，而且为制备杂合材料提供了新的思路。另外，本研究利用 Fe_3O_4 - MWCNTs 来降解不同类型的染料，为实际应用提供了理论依据。本研究具有重要的理论研究价值、突出的探索意义和明确的应用前景。

1.6.2 本研究的创新点

(1)本研究首次采用水/乙二醇作为溶剂,以酸氧化处理后的 MWCNTs 作为载体,通过原位水热合成的方法成功合成 Fe_3O_4 – MWCNTs。通过调控水/乙二醇体积比合成不同大小的 Fe_3O_4,获得最佳合成条件,制备了单分散的 Fe_3O_4 以及均匀负载的 Fe_3O_4。透射电镜测量 Fe_3O_4 粒径为 4.2～10 nm,平均粒径为 7.4 nm。

(2)本研究提出 Fe_3O_4 – MWCNTs 的合成机理是碳纳米管充当多相成核位,Fe_3O_4 在这些成核位点沉积形成纳米颗粒。

(3)本研究对不同合成条件进行优化,探讨了影响 Fe_3O_4 – MWCNTs 催化活性的因素,制备了高催化活性的 Fe_3O_4 – MWCNTs。对 Fe_3O_4 – MWCNTs 的催化机理进行研究是对 Fe_3O_4 – MWCNTs 的创新性探索。

(4)本研究将 Fe_3O_4 – MWCNTs 应用于环保领域,分别降解阴离子型和阳离子型染料,探索了其对不同类型有机染料的降解特性,是一种创新性尝试,为 Fe_3O_4 – MWCNTs 在环境领域的应用提供新的途径。

第 2 章 碳纳米管的酸氧化处理

2.1 引言

碳纳米管的独特结构及突出优良特性，如高的机械强度和弹性、优良的导热性、高的比表面积和长径比，激起人们对碳纳米管的研究深入到应用研究，如碳纳米管用在分子开关、催化剂载体、气体储备、传感器以及高性能复合材料等。但是，由于碳纳米管是成千上万个处于不定域系统中的碳原子组成的大分子，几乎不溶于任何试剂，而且在溶液中易聚集成束，大大限制了碳纳米管的应用。因此，在实际中需要对碳纳米管进行化学改性或修饰，提高其分散性和可溶性，以实现其在有机、无机和生物体系的应用。对碳纳米管的改性方法主要包括三大类：①通过与纳米碳管的 π 共轭骨架上碳原子反应生成共价键连接的化学基团；②利用各种不同的功能性分子对纳米碳管进行非共价键的吸附或包裹；③对纳米碳管内腔进行填充。相关领域大量的文献表明，对纳米碳管的化学改性在最近几年得到了极为快速的发展。从在纳米碳管表面引入功能性基团的改性方式，到利用共价键或非共价键方式对纳米碳管表面进行聚合物修饰，这些研究工作都为纳米碳管在光电子器件、催化剂载体和高性能复合材料等领域的应用提供了可能性。用强酸氧化碳纳米管是常用的化学改性方法之一。用浓硝酸处理后，碳纳米管的长度变短，管身变直，管壁上带有—OH，$\diagdown C{=}O$ 和—COOH 等极性功能性官能团，碳管在溶液中分散很均匀。酸氧化后的碳纳米管能增加亲水性官能团，使得碳纳米管由疏水性转变为亲水性。另外，酸氧化后的碳纳米管表面的基团或缺陷有助于活化碳纳米管表面，便于负载金属纳米颗粒。本研究采用浓硝酸氧化处理原始的碳纳米管，一方面进行表面改性，另一方面能去除制备碳纳米管留下的催化剂。

2.2　实验部分

2.2.1　实验材料与试剂

（1）实验材料。

多壁碳纳米管（MWCNTs）（纯度大于 95%，长度 10～20 μm，外径 30～50 nm，内径 5～12 μm，比表面积大于 60 m²/g，中国科学院成都有机化学有限公司）。

（2）试剂。

硝酸（分析纯，北京化学试剂公司）。

2.2.2　实验仪器

（1）KQ－250DE 型数控超声波清洗器。

（2）DF－101S 焦热式恒温加热磁力搅拌器。

（3）SHB－Ⅲ循环式多用真空泵。

2.2.3　MWCNTs 的酸氧化

取 2 g 碳纳米管放入 250 mL 的三颈瓶中，再加入 200 mL 的浓硝酸，超声分散。然后，在 140℃条件下，将其回流 14 h。冷却到室温后，滗析上清液，然后用超纯水抽滤洗涤，直到过滤液的 pH 为中性。刮下滤饼层，然后在 100℃下烘干 2 h 后，研磨成粉末待用。

2.2.4　样品的表征

粉末 X－射线衍射（XRD）、扫描电镜（SEM）、透射电镜（TEM）、Raman 光谱、傅立叶变换红外光谱分析（FT－IR）、比表面及孔径分布、室温磁性测定、X－射线光电子能谱（XPS）。

2.3　结果与讨论

2.3.1　MWCNTs 的形貌分析

图 2－2－1 为原始碳纳米管的 SEM 图，从图 2－2－1 中可清楚地看到其相互团聚纠缠在一起。这主要是由于碳纳米管的长度在微米量级上且碳纳米管之间存在强烈的范德华作用力，致使大部分的碳纳米管是彼此缠绕而团聚在一起的。产物比较纯净，无定形碳、碳颗粒几乎不存在，但也能看到碳纳米管内残留有催化

颗粒，如图 2 - 2 - 2 所示。图 2 - 2 - 3 为碳纳米管的 HRTEM 照片，通过图 2 - 2 - 3 可以清楚地看到一根多壁碳纳米管的结构特征。一根多壁碳纳米管是中空的细长的管子，管壁由很多层构成，其层间距离大约为 0. 35 nm，近似石墨层间厚度（0. 34 nm）。碳纳米管的管口是封闭的。

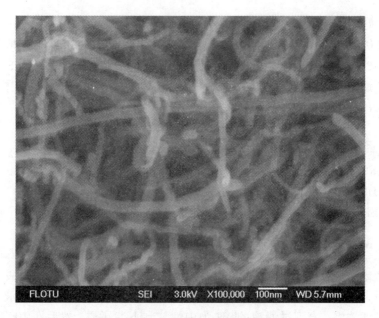

图 2 - 2 - 1 原始碳纳米管的 SEM 图

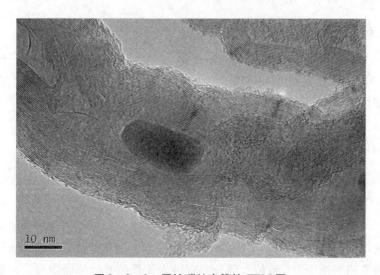

图 2 - 2 - 2 原始碳纳米管的 TEM 图

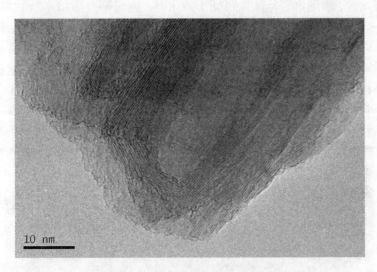

图 2 - 2 - 3 原始碳纳米管的 HRTEM 图

图 2 - 2 - 4 和图 2 - 2 - 5 分别为酸氧化后的碳纳米管的 SEM 和 TEM 图，从图 2 - 2 - 4 中可以看到碳纳米管的结构并没有被破坏，但碳纳米管的表面吸附的

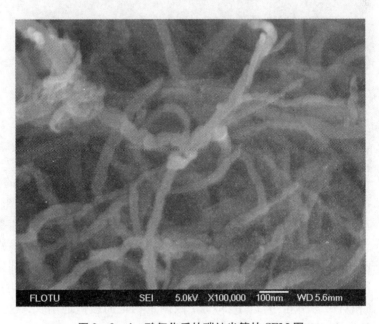

图 2 - 2 - 4 酸氧化后的碳纳米管的 SEM 图

杂质明显减少，碳纳米管分散性稍好于酸化前。同时部分碳纳米管管口被打开，图2-2-5中可以看到有部分碳纳米管的端口被打开。多数研究表明，硝酸氧化处理既可以打开碳纳米管的端口，也可以将碳纳米管截断。这主要同碳纳米管结构上的缺陷有关。碳纳米管的不完整性包括以下两种：第一，管子可能是类似于卷轴的结构而非完全闭合的同轴柱面，或弯曲处存在着裂缝、皱纹等；第二，即使碳纳米管是无缝的直形的管子，也会有一定数量的缺陷——拓扑类缺陷、再次杂化缺陷和不完全键缺陷。这些缺陷与管的端帽一样，都是易被氧原子进攻的部位，使得碳纳米管圆柱部分和其端帽同时被氧化，而形成断裂和开口。

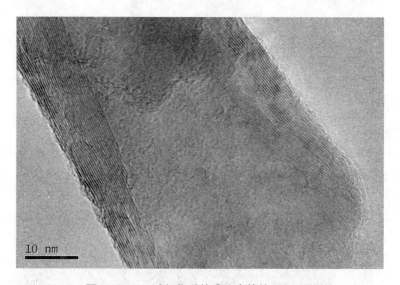

图2-2-5 酸氧化后的碳纳米管的 TEM 图

2.3.2 MWCNTs 的孔结构分析

图2-2-6为碳纳米管吸附氮气的吸附－解吸曲线。根据 IUPAC 的分类，碳纳米管比表面积测定所得的氮气的吸附－解吸等温线呈现明显的Ⅳ类型。在不同的相对压力范围内，氮气的吸附－解吸等温线反映出不同的表面积和孔结构特性。图2-2-6中典型碳纳米管的吸附－解吸等温线都具有以下几个特点：

(1)在相对压力较低(0.1 以内)时，可以观察到氮气的吸附，这部分的吸附被认为是氮气分子在碳纳米管的管腔内或者管壁外的第一层分子的吸附；

(2)在相对压力中等(0.1~0.5)时，吸附量稳定而缓慢地增长，这主要与氮气分子的多分子层吸附有关；

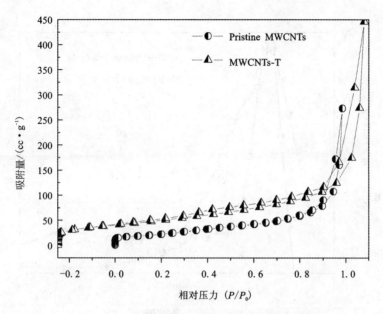

图 2 - 2 - 6　碳纳米管对 N_2 的吸附 - 解吸等温线

（3）在相对压力高于 0.5 时，吸附量有了显著的提高，这主要是由于毛细管沉积作用导致氮气的吸附量有相当大的增加幅度，同时在这个相对压力范围内，出现了典型的中孔吸附材料解吸的特征性解吸滞后圈，说明氮气从碳纳米管解吸需要比吸附更高的能量。

通过碳纳米管对氮气的吸附解吸曲线，运用标准的 BJH 方法，可以得到碳纳米管的孔径分布曲线，如图 2 - 2 - 7 所示。图 2 - 2 - 7 中显示碳纳米管的孔径在 3 nm 左右，且呈现窄分布，在 6 nm 处也有孔径分布，对应碳纳米管的内径。氧化后在主要分布的峰的位置没有发生变化，说明这部分孔容的增加是由碳纳米管的管腔内吸附了氮气引起的。同时，酸氧化后的碳纳米管在此范围内的峰面积增加得更多，充分说明氧化过程打开了碳纳米管的端口，氮气分子可以进入碳纳米管的中空管内进行吸附。氧化后的碳纳米管在 20～70 nm 的范围也出现一个孔径分布，这部分的孔主要是由碳纳米管团聚体形成的疏松的堆积孔。酸氧化后的碳纳米管的孔容较氧化前有较多的增加，主要原因在于氧化去除了碳纳米管中的无定形碳和较小的催化剂颗粒，增加了孔容。由氮气吸附 - 解吸曲线计算得到的碳纳米管的比表面积和孔容的数据列于表 2 - 2 - 1 中。从表 2 - 2 - 1 中可以看出，对比氧化前后的碳纳米管，可以发现氧化后的碳纳米管的比表面积、中孔孔容和微孔孔容都有了显著的提高，分别从 74.4 m^2/g、0.42 cm^3/g 和 0.032 cm^3/g 提高到 148.8 m^2/g、0.69 cm^3/g 和 0.060 cm^3/g。

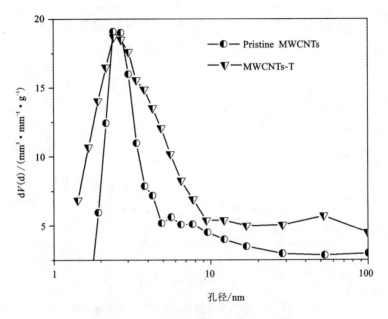

图 2－2－7　碳纳米管的孔径分布曲线

表 2－2－1　碳纳米管氧化前后的比表面积和孔容

	BET /(m² · g⁻¹)	Pore volume /(cm³ · g⁻¹)	H－K Pore volume /(cm³ · g⁻¹)	Pore diameter /nm	V_{micro}/V_{total} /%
Pristine MWCNTs	74.4	0.42	0.032	2.43	7.5
MWCNTs－T	148.8	0.69	0.060	2.45	8.7

2.3.3　MWCNTs 的 XRD 分析

图 2－2－8 为原始的碳纳米管和酸氧化处理后的碳纳米管的 XRD 图。可以看到，原始的碳纳米管在 2θ 分别为 26.0°、42.4° 和 53.6° 处有三个吸收峰。这些峰分别对应着石墨的（002）（100）（004）晶面。而在 2θ 为 44.6° 处出现的峰为残留的催化剂的 Ni 的峰，对应着（111）晶面。酸氧化处理后的碳纳米管，在 2θ 分别为 26.0°、42.4° 和 53.6° 处有三个吸收峰，说明酸氧化没有破坏碳纳米管的石墨晶体结构。在 2θ 为 44.6° 处出现的峰已经消失，说明通过酸氧化后碳纳米管中的金属催化剂被酸溶解，这一结果与通过透射电镜所观察到的结果一致。

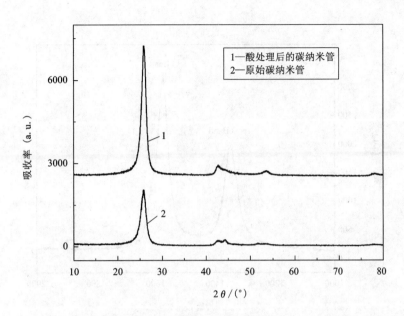

图 2 - 2 - 8　原始的碳纳米管和酸氧化处理后的碳纳米管的 XRD 图

2.3.4　MWCNTs 的 Raman 光谱分析

Raman 光谱已广泛用于碳纳米管的石墨结构和结构缺陷表征，可用来比较氧化前、后的结构变化。碳纳米管的材料在 1580 cm^{-1} 和 1350 cm^{-1} 处有两个明显的吸收峰，分别为 G 峰和 D 峰。G 峰代表单晶石墨峰，D 峰代表无序石墨结构，用 D 峰和 G 峰的积分强度比 I_D/I_G 来表示碳纳米管石墨化程度。图 2 - 2 - 9 和图 2 - 2 - 10 所示分别为原始的碳纳米管和酸氧化后的碳纳米管的 Raman 光谱。可以看到，不管是原始的碳纳米管还是酸氧化后的碳纳米管，都在 1580 cm^{-1} 和 1350 cm^{-1} 处有两个明显的特征吸收峰。但 G 峰和 D 峰的峰强度明显不同，通过对 G 峰和 D 峰多峰拟合计算得出原始的碳纳米管、酸氧化的碳纳米管的 I_D/I_G 分别为 0.55、0.99，酸氧化后的碳纳米管的 I_D/I_G 增大，说明酸氧化碳纳米管导致了端口的去除，以及最外层的氧化作用结构上产生了相对多的缺陷，破坏了部分碳纳米管石墨晶体结构，使其结构上产生了相对更多的缺陷和无序性，因而使酸化后的碳纳米管的 I_D/I_G 增大，这个结果也与 Datsyuk 等的发现一致。

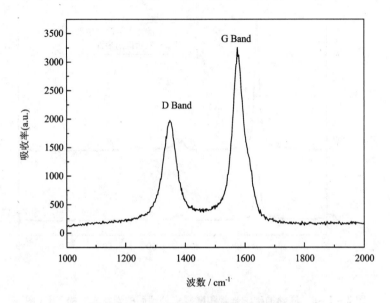

图 2 - 2 - 9 原始碳纳米管的 Raman 光谱

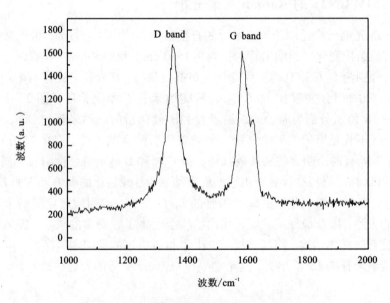

图 2 - 2 - 10 酸处理后碳纳米管的 Raman 光谱

2.3.5　MWCNTs 的 FT – IR 分析

对碳纳米管表面的化学基团特性用傅立叶变换红外光谱进行定性研究。图 2 – 2 – 11 为原始的碳纳米管和酸化处理的碳纳米管的 FT – IR 谱。可以看出，对于原始的 MWCNTs 来讲，谱图相对简单，主要有 1562 cm^{-1} 和 1187 cm^{-1} 两个峰；酸氧化后的 MWCNTs 除了上述两个相同的峰外，还有 1716 cm^{-1} 和 3408 cm^{-1} 两个峰。其中：处在 1562 cm^{-1} 左右的振动峰是碳纳米管管壁的 E1u 振动模，它表明碳纳米管石墨结构的存在；处在 1187 cm^{-1} 处的峰归属于 C—C—C 非对称伸缩振动；处在 1716 cm^{-1} 处的峰是羧基中—C ═O 的振动峰；处在 3408 cm^{-1} 处的峰归属于 O—H 的伸缩振动。表面氧化后的碳纳米管的红外峰归属总结在表 2 – 2 – 2 中。

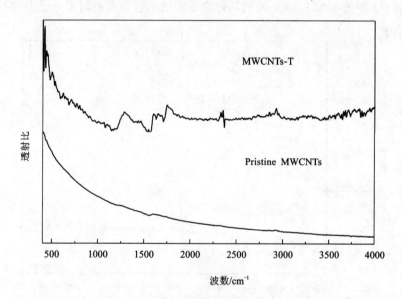

图 2 – 2 – 11　原始的碳纳米管和酸化处理的碳纳米管的红外光谱

表 2 – 2 – 2　表面氧化后的碳纳米管的红外峰归属

红外峰位置	归属
3408 cm^{-1}	O—H 伸缩
1716 cm^{-1}	C ═O 伸缩
1635 cm^{-1}	H 键（C ═O 伸缩）
1562 cm^{-1}	—C ═C—伸缩
1187 cm^{-1}	C—C—O 伸缩振动，C—C—C 非对称伸缩

2.3.6　MWCNTs 的 XPS 分析

图 2-2-12 为酸氧化处理后的碳纳米管的 XPS 全谱图。可以看到，氧化处理后的碳纳米管除了 C1s 峰以外，还有 O1s 峰，说明样品中除了碳元素以外，还有氧元素。图 2-2-13 为 C1s 精细谱图，并通过分峰处理。处在 284.6 eV 的峰归属于 sp^2 的杂化 C，即 C ═C 中的 C，处在 285.2 eV 处的峰归属于 sp^3 杂化 C，这种 C 来自于碳纳米管表面缺陷。处在 286.2 eV 处的峰归属于碳纳米管表面与羟基相连的 C，而处在 290 eV 处的峰则归属于碳纳米管结合氧的 C。图 2-2-14 为 O1s 的精细谱图，处在 531.4 eV 处的峰对应着 C ═O 键中的 O，处在 532.0 eV 处的峰对应表面 OH 中的 O，处在 532.9 eV 处的峰对应羧基中的 C—OH 中的 O，而处在 533.9 eV 处的峰对应着碳纳米管表面吸附水分子中的 O。

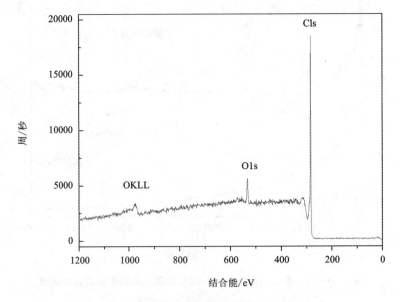

图 2-2-12　酸处理后的碳纳米管的 XPS 的全谱图

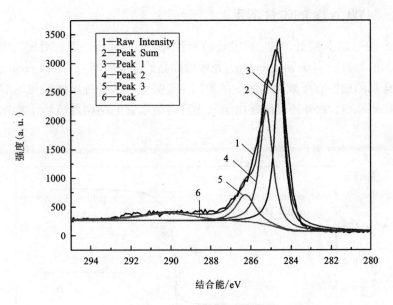

图 2 - 2 - 13　C1s 精细谱图

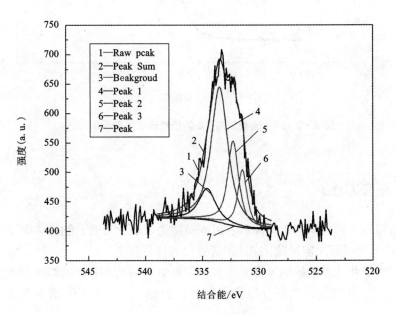

图 2 - 2 - 14　O1s 精细谱图

2.3.7　MWCNTs 的磁性测定

图 2－2－15 为酸处理前、后的碳纳米管的室温磁滞线。通过对比发现，处理前样品的饱和磁矩为 0.741 emu/g，处理后样品的饱和磁矩为 0.124 emu/g，说明处理后样品的磁性有所减少。减少的原因主要是经过酸处理后铁催化剂溶解，使得饱和磁矩减少，此外还可能是由于氧化后碳纳米管的结构被破坏，碳纳米管的缺陷增加。

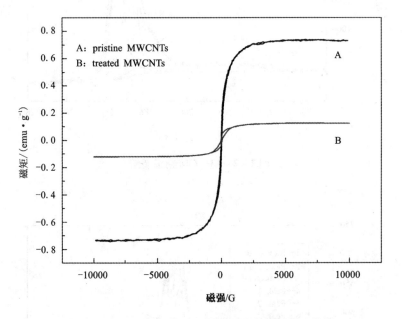

图 2－2－15　酸处理前、后的碳纳米管的室温磁滞线

2.4　本章小结

（1）以原始的碳纳米管为原料，用浓硝酸进行氧化处理，能除去碳纳米管中的残留的催化剂和无定形碳，碳纳米管管口有部分打开。

（2）酸氧化处理的碳纳米管采用多种表征方法进行表征，碳纳米管表面连接了有机基团，使得碳纳米管分散性和溶解性增加，这有助于碳纳米管表面进行负载。

第 3 章　Fe$_3$O$_4$ – MWCNTs 的制备及其多相 Fenton – like 活性

3.1　引言

纳米颗粒由于表面能降低而易趋于团聚成团聚体。磁性纳米会因为磁偶极之间的相互作用更容易团失活。因此，在实际应用中，研究与建立稳定化磁性纳米粒子的策略与方法具有十分重要的理论与应用意义。一般地，为了避免磁性纳米粒子团聚，可将纳米粒子作为内核，外面包覆一层保护壳，形成核 – 壳结构。这不仅能阻止纳米粒子的团聚，还能通过表面修饰形成一些功能基团以及方便回收利用。包覆层主要有两类：一类是有机物，主要包括表面活性剂和聚合物；另一类是无机物，主要包括硅胶、活性炭、贵金属等。对纳米颗粒进行包覆处理，虽然能对磁性纳米粒子起到很好的稳定作用，但同时减少了粒子表面活性位，从而减弱了纳米粒子的催化活性。为了解决包覆策略带来的问题，本书提出应用碳纳米管作为支撑与富集材料，固定化四氧化三铁纳米颗粒。自 1991 年发现碳纳米管以来，碳纳米管因其独特的结构、机械性能和电学性能引起了人们对它的极大兴趣。碳纳米管具有特殊的管状结构，可用于储氢、选择性催化、管内填充化学物质等。碳纳米管比表面积及机械强度大，可作为载体。碳纳米管的管径属于纳米级，因此利用碳纳米管作为载体能很好地分散与固定四氧化三铁纳米颗粒。更为重要的是，碳纳米管通过酸氧化后其端口和管壁会产生亲水性羧基、羟基等极性基团，来调控碳纳米管的表面特性，便于金属粒子的附着；而碳纳米管管道本身具有疏水性，对有机底物有亲疏水性，容易吸附。另外，碳纳米管负载金属氧化物能协同增加氧化物的催化活性。因此，本研究用溶剂热方法以 MWCNTs 为载体原位制备 Fe$_3$O$_4$ – MWCNTs，研究了制备条件对产物的形态、分散性等特性的影响，并以难于生物降解的染料酸性橙 II（AO II）为模型污染物，考察了 Fe$_3$O$_4$ – MWCNTs 的催化降解活性。

3.2　实验部分

3.2.1　实验材料与试剂

（1）实验材料。

自制备的酸氧化处理的碳纳米管（见第2篇第2章）、微孔滤膜尺寸为 0.45 μm。

（2）试剂。

乙酰丙酮铁（分析纯，Alfa Aesar 公司）、乙二醇（分析纯，国药集团化学试剂有限公司）、乙醇（分析纯，北京化学试剂公司）、过氧化氢（30%，国药集团化学试剂有限公司）、四氧化三铁（99%，阿拉丁试剂公司）、酸性橙 Ⅱ（生化染料，北化恒业精细化学品有限公司）、甲醇（分析纯，北京化学试剂公司）、硫酸（分析纯，北京化学试剂公司）、氢氧化钠（分析纯，北京化学试剂公司）。

所有溶液均为超纯净水配制。

3.2.2　实验仪器

（1）不锈钢反应釜（80 mL）。

（2）DF-101S 焦热式恒温加热磁力搅拌器。

（3）SHB-Ⅲ循环式多用真空泵。

（4）2XZ（S）-2 型旋片式真空干燥箱。

（5）PB-10 普及型玻璃膜电极 pH 测量计。

（6）METTLER-TOLEDO 电子天平。

（7）KQ-250DE 型数控超声波清洗器。

3.2.3　Fe_3O_4-MWCNTs 样品的制备

称取 0.1 g 酸处理后的碳纳米管、0.2 g 乙酰丙酮铁与乙二醇和水的混合溶剂混合，然后将其加入不锈钢反应釜中，通入氮气排除氧气，封盖。将其放在油浴锅中，加热到 200℃，并在 200℃下保温 30 min，再继续加热到 260℃，然后在 260℃下保温 30 min。反应完成后，从油浴锅中取出反应釜自然冷却至室温，加入乙醇洗涤 4~5 次，80℃真空干燥 24 h 备用。

3.2.4　催化性能评价

实验选择 AO Ⅱ 为模型反应，以 AO Ⅱ 的脱色率来反映催化剂活性大小。实验中所使用 AO Ⅱ 为分析纯，没有进一步纯化而直接配制成溶液使用。AO Ⅱ 的结构式如图 2 – 3 – 1 所示。

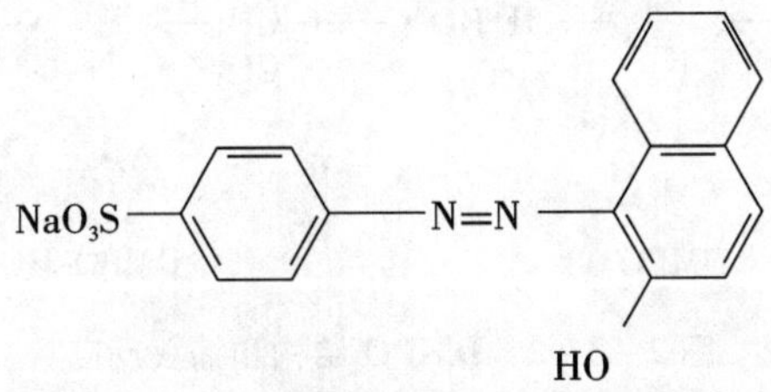

图 2 – 3 – 1   AO Ⅱ 分子结构

催化实验过程：在 60 mL 0.25 mmol/L AO Ⅱ水溶液中加入 0.5 g/L Fe₃O₄ – MWCNTs 30 mg，水浴恒温并不断搅拌。反应前先搅拌 30 min 使其吸附平衡，然后加入双氧水开始引发反应，每隔一定时间取出少量混合物，离心分离后用分光光度法测定 484 nm 处溶液的吸光度。AO Ⅱ的紫外可见光谱使用 UV – 2401PC 仪测定。

3.2.5   分析测试与仪器

3.2.5.1   去除效率的测定

AO Ⅱ降解过中不同时刻的 UV – Vis 光谱变化采用 UV – 2401PC 紫外可见分光光度计（日本岛津公司）测量，其去除效率采用 HACH DR5000 可见分光光度计（美国 HACH 公司）进行测定。测定步骤如下：先测定已知浓度的 AO Ⅱ溶液在 484 nm 处的吸光度，作出标准曲线，即吸光度与浓度的关系式为：

$$A = 22.1 \times c \tag{2 – 3 – 1}$$

式中：A 为吸光度；c 为 AO Ⅱ的浓度。然后按式（2 – 3 – 2）计算不同条件下 AO Ⅱ的去除效率：

$$D = (c_0 - c_t/c_0) \times 100\% \tag{2 – 3 – 2}$$

式中：c_t 为反应 t 时间后溶液中 AO Ⅱ的浓度；c_0 为反应前溶液中 AO Ⅱ的浓度。

3.2.5.2   羟基自由基的定性测定

Fenton – like 反应体系中的羟基自由基采用 JES – FA200 波谱仪（JEOL）测定，该仪器装备有量子射线（Quanta – Ray）掺钕离子的钇铝石榴子石（Nd：YAG）激光器（λ = 355 nm 或 532 nm），自旋捕获剂为 5,5 – 二甲基 – 1 – 吡咯啉 – 氮 – 氧化合物（DMPO），其捕获反应图如图 2 – 3 – 2 所示。测试条件为：仪器中心场强为 337.8 G；扫描宽度为 10.0 mT；微波频率为 9439.2 MHz；功率为 1.0 mW。为了减少测定误差，在测定过程中使用同一支石英毛细管。

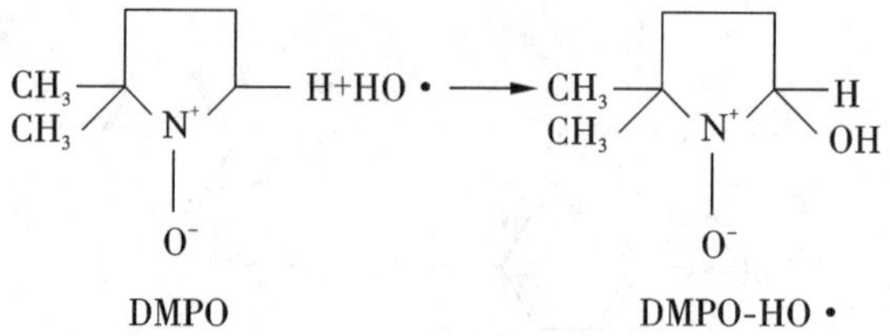

图 2 - 3 - 2　DMPO 结构和捕获反应

3.2.5.3　Zeta 电位的测定

样品水溶液的 Zeta 电位采用 DelsaNano 粒径和 Zeta 电势分析仪（美国 Beckman Coulter 公司）测定。将测得不同 pH 下催化剂表面的 Zeta 电位，由 Zeta 电位 - pH 关系图，可确定催化剂的等电点的 pH（pH of Zero Point of Charge，pHzpc）。配制 10^{-3} mol/L 的氯化钾溶液，加入 Fe_3O_4 - MWCNTs，超声分散。然后测定不同 pH 条件下的 Zeta 电位。

3.2.6　样品的表征与仪器

粉末 X - 射线衍射（XRD）、扫描电镜（SEM）、透射电镜（TEM）、Raman 光谱、红外光谱分析（FT - IR）、比表面及孔径分布、室温磁性测定、X - 射线光电子能谱（X - ray photoelectron spectoscopy，XPS）分析。

3.3　结果与讨论

3.3.1　Fe_3O_4 - MWCNTs 的制备条件的优化

由于碳纳米管表面具有疏水特性，碳纳米管表面难以负载外来物。但碳纳米管在酸氧化后，其表面增加了基团和缺陷，而增加的表面基团和缺陷有利于负载金属颗粒或氧化物。在溶剂热合成反应体系中，溶液的组成、反应温度、反应时间对纳米晶核的形成、成长和熟化都会有很大的影响，从而影响负载颗粒的大小。另外，碳纳米管本身是一维纳米管状，反应体系对纳米颗粒的成核也会有影响，因此，本研究通过优化制备条件获得高活性的 Fe_3O_4 - MWCNTs 催化剂。

3.3.1.1　原始 MWCNTs 与氧化后 MWCNTs 对负载的影响

原始碳纳米管和酸处理的碳纳米管表面基团和缺陷不同，能够影响表面对纳米颗粒的负载，并由此影响催化活性。因此，保持其他条件不变，以 0.2 g 乙酰丙酮铁、水/乙二醇的体积比为 2∶10 的混合溶剂和 0.1 g 碳纳米管，进行溶剂热合成，探讨不同的碳纳米管的催化活性。样品的催化活性以 AO Ⅱ 的脱色效率来评价。AO Ⅱ溶液初始浓度为 0.25 mmol/L，催化剂投加量为 0.5 g/L，H_2O_2 的浓度为 15 mmol/L，反应温度为 30℃，反应时间为 30 min。其去除效率分别为 56.6% 和 94.3%。由实验结果可知，以氧化处理的碳纳米管负载 Fe_3O_4 的催化活性明显高于原始碳纳米管负载 Fe_3O_4 的催化剂。为了解析活性的差异，分别对两种催化剂在电镜下进行观察，结果如图 2 – 3 – 3 所示。可以看出，用原始碳纳米管直接来负载 Fe_3O_4，在碳纳米管上形成的 Fe_3O_4 分布不均匀，有的碳纳米管上有，而有的却没有，而且负载颗粒数量也很少。另外，Fe_3O_4 颗粒也不均匀。相反，用酸氧化后的碳纳米管来负载 Fe_3O_4，在碳纳米管上形成的 Fe_3O_4 分布均匀，纳米颗粒呈单分散。而单分散的纳米颗粒催化活性比不均匀的纳米颗粒的催化活性要高。因此，要想得到比较好的负载效果，应该对碳纳米管进行酸氧化处理，不但增加负载而且有利于纳米颗粒的均匀负载。本实验均采用酸氧化处理的碳纳米管为载体。

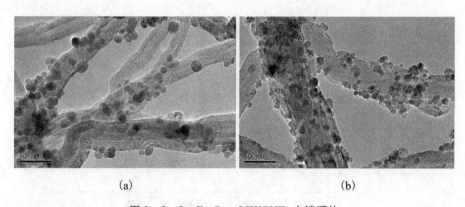

(a)　　　　　　　　　　　　　　(b)

图 2 – 3 – 3　Fe₃O₄ – MWCNTs 电镜照片

(a)原始的 MWCNTs 负载 Fe_3O_4；(b)酸氧化处理后 MWCNTs 负载 Fe_3O_4

3.3.1.2　MWCNTs 干燥温度对催化活性的影响

碳纳米管干燥温度会影响其表面的基团以及表面吸附水。极性的水分子占住表面活性位置，影响碳纳米管负载。实验分别考察了当其他合成条件不变，碳纳米管干燥温度分别为 25℃、40℃、60℃、80℃、100℃、120℃ 时所合成的 Fe_3O_4 – MWCNTs 催化剂的催化活性，样品的催化活性以 AO Ⅱ 的脱色效率来评价。AO Ⅱ溶液初始浓度为 0.25 mmol/L，催化剂投加量为 0.5 g/L，H_2O_2 的浓度为 15 mmol/L，反应温度为 30℃，反应时间为 30 min，结果如图 2 – 3 – 4 所示。可以看出，碳纳米管干燥温度会对催化活性有很大的影响。25℃干燥的碳纳米管所合成的催化剂的去除效率为 69.7%；随着干燥温度的升高，催化活性也逐步增强，但当温度升至 100℃时，催化活性达到最大，去除效率达到94%；当干燥温度升高到120℃时，对 AO Ⅱ 的去除效率也下降到85.1%。图 2 - 3 - 5 为碳纳米管在不同温度下干燥所制备的 Fe₃O₄ - MWCNTs 的 SEM 图，可以看出，25℃干燥的碳纳米管所制备的样品所负载的 Fe₃O₄ 明显较少，而随着干燥温度的升高，样品中负载的 Fe₃O₄ 也逐渐增多。但当干燥温度升高到120℃时，负载的 Fe₃O₄ 出现不均匀，有些团聚。这可能是由于碳纳米管干燥温度越低，碳纳米管上极性有机基团会与极性的水结合，占住了活性位点，阻止外来粒子的结合。但当碳纳米管干燥的温度过高时，可能破坏表面基团，失去极性有机基团，因而表面出现团聚现象。因此，本研究中制备催化剂的碳纳米管干燥温度取100℃。

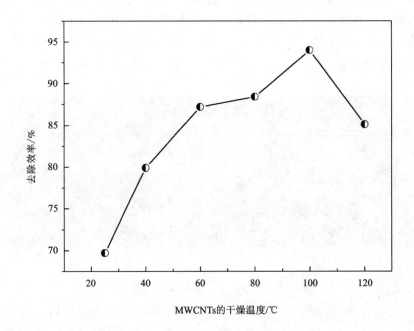

图 2 - 3 - 4 碳纳米管在不同干燥温度下制备的 Fe₃O₄ - MWCNTs 对 AO Ⅱ 的去除效率

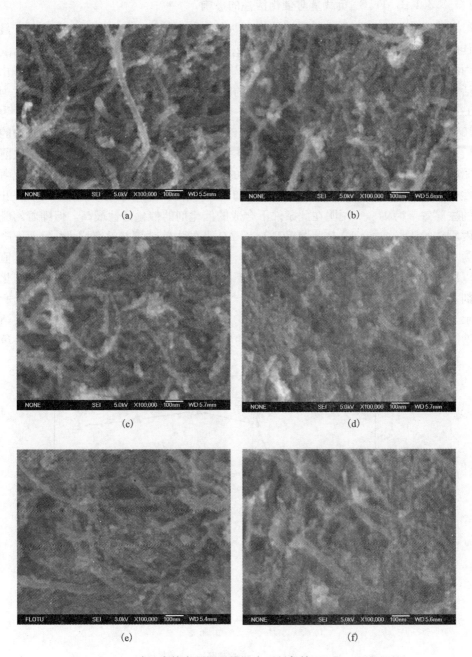

图 2 – 3 – 5　碳纳米管在不同干燥温度下制备的 Fe₃O₄ – MWCNTs

(a)25℃；(b)40℃；(c)60℃；(d)80℃；(e)100℃；(f)120℃

3.3.1.3　Fe₃O₄ 负载量对催化活性的影响

碳纳米管表面的负载催化剂量的多少直接影响催化活性，因此，为了确定最佳的负载量，保持碳纳米管的量为 0.1°g，水/乙二醇的体积比为 2 : 10，考察乙酰丙酮铁的质量分别为 0.1°g、0.15°g、0.2°g、0.25°g、0.3°g 时，负载质量对催化活性的影响，样品的催化活性以 AO Ⅱ 的脱色效率来评价。AO Ⅱ溶液初始浓度为 0.25 mmol/L，催化剂投加量为 0.5 g/L，H_2O_2 的浓度为 15 mmol/L，反应温度为 30℃，反应时间为 30 min，结果如图 2 - 3 - 6 所示。可以看出，当乙酰丙酮铁的质量为 0.1°g 时所合成的催化剂降解 AO Ⅱ 的效率为 69.2%；随着乙酰丙酮铁前驱物的增加，Fe₃O₄ - MWCNTs 对 AO Ⅱ 的去除效率也增大，说明催化剂的催化活性相应地增强；当乙酰丙酮铁的质量增加到 0.2°g 时，Fe₃O₄ - MWCNTs 对 AO Ⅱ 的去除效率为 94%，说明在此条件下合成的催化剂的催化活性最高。但随着乙酰丙酮铁的质量增加，Fe₃O₄ - MWCNTs 对 AO Ⅱ 的去除效率并没有增大，反而下降为 91.8%，说明催化活性并没有随 Fe₃O₄ 负载量的增加而增强，而是达到一定值以后，Fe₃O₄ - MWCNTs 的催化活性略有下降。为了清楚说明不同负载量的催化剂对催化活性的影响，对不同负载量的样品进行 TEM 表征，结果如图 2 - 3 - 7 所示。可以看出，当乙酰丙酮铁的质量从 0.1°g 增加到 0.2°g 时，Fe₃O₄ 负载量逐渐增多，而且分布很均匀；当乙酰丙酮铁的质量从 0.2°g 增加到 0.3°g 时，Fe₃O₄ 负

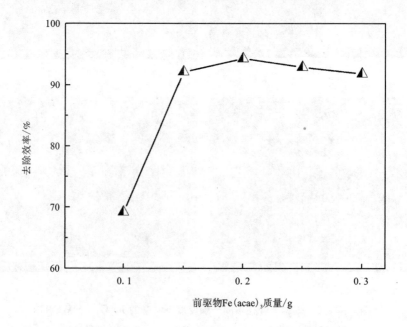

图 2 - 3 - 6　前驱物 Fe(acac)₃ 的质量所合成催化剂对 AO Ⅱ 的去除效率

载量逐渐增多，但很多团聚在一起。因此，当乙酰丙酮铁的质量为 0.1°g 时，水热合成后，负载 Fe_3O_4 的量较少，由于起催化作用的主要是 Fe_3O_4，因此催化活性相对较低。随着负载 Fe_3O_4 量的增加，催化活性提高。当负载 Fe_3O_4 的量达到一定值以后，再增加 Fe_3O_4 的量，Fe_3O_4 形成团聚体，因而，Fe_3O_4 - MWCNTs 催化活性反而有所下降。因此，本实验固定乙酰丙酮铁的质量为 0.2°g。

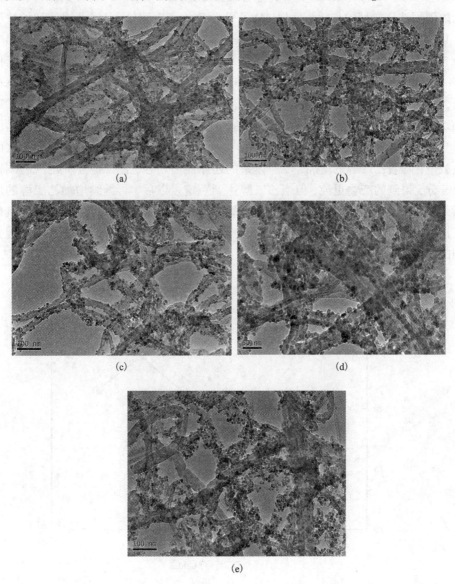

图 2 - 3 - 7　不同 Fe(acac)₃ 的质量制备的 Fe₃O₄ - MWCNTs 样品的 TEM 图

(a)0.1°g；(b)0.15°g；(c)0.20°g；(d)0.25°g；(e)0.3°g

3.3.1.4　乙二醇的用量对催化活性的影响

乙二醇在本实验中既起到还原剂的作用又起到溶剂的作用，因此，乙二醇在溶剂中的含量对 Fe$_3$O$_4$ 的形成、黏附、分散会产生一些影响，从而影响催化剂的催化活性。本实验考察溶剂中水的含量为 2 mL，乙二醇的含量分别为 6 mL、8 mL、9 mL、10 mL、11 mL 时，其他合成条件为：2 mL 水、0.1 g 碳纳米管、0.2 g 乙酰丙酮铁。样品的催化活性以 AO Ⅱ 的脱色效率来评价。AO Ⅱ 溶液初始浓度为 0.25 mmol/L，催化剂投加量为 0.5 g/L，H$_2$O$_2$ 的浓度为 15 mmol/L，反应温度为 30℃，反应时间为 30 min。从图 2-3-8 可以看出，乙二醇的用量对催化活性有一定的影响。乙二醇的用量为 6 mL 时所合成的催化剂对 AO Ⅱ 的去除效率最低，为 83%，随着乙二醇用量的增加，合成催化剂的去除效率升高，当达到 10 mL 时，去除效率达到最大，而后增加乙二醇的用量，去除效率有所下降。这是由于当乙二醇的用量较少时，对乙酰丙酮铁的还原不完全，影响纳米四氧化三铁的负载量；随着乙二醇的增加，反应体系的还原能力增强，乙二醇还原乙酰丙酮铁更充分，得到的产物更纯；但当乙二醇达到一定量以后，再继续增加乙二醇的用量，由于乙二醇的黏度很大，负载的四氧化三铁不易分散，而形成团聚的四氧化三铁。由于四氧化三铁的团聚减少了比表面积，因而活性降低。因此，制备催化剂的最佳乙二醇的用量为 10 mL。

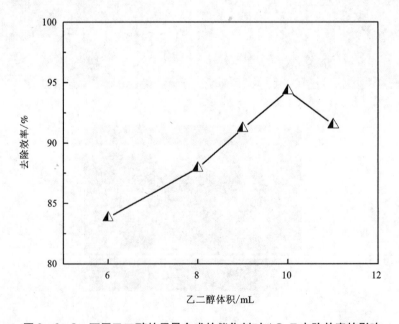

图 2-3-8　不同乙二醇的用量合成的催化剂对 AO Ⅱ 去除效率的影响

3.3.1.5　溶剂中水的用量对催化活性的影响

据报道，在有机溶剂中，加入少量水能改变纳米颗粒的大小。在本研究中，考察水加入量对催化活性的影响。实验条件为：碳纳米管 0.1 g、乙酰丙酮铁 0.2 g，保持乙二醇的体积为 10 mL，分别考察水的体积为 0 mL、1 mL、2 mL、3 mL、4 mL、5 mL 时所制备的催化剂的催化活性，催化活性实验以 AO Ⅱ的脱色效率来评价。AO Ⅱ溶液初始浓度为 0.25 mmol/L，催化剂投加量为 0.5 g/L，H_2O_2 的浓度为 15 mmol/L，反应温度为 30℃，反应时间为 30 min，结果如图 2 – 3 – 9 所示。当乙二醇中不加水时，所制备的催化剂对 AO Ⅱ的去除效率只有 59.0%，随着水的体积增加，到 2 mL 时，对 AO Ⅱ的去除效率升高到 94.3%；再继续增加水的体积，催化效率逐渐下降。当水量为 5 mL 时，去除效率为 76.6%。为了清楚说明溶剂中不同水量所制备的催化剂对活性影响，对样品进行 TEM 表征，结果如图 2 – 3 – 10 所示。当乙二醇中不加水时，四氧化三铁明显团聚在一起，团聚体的直径为 55～110 nm；当乙二醇中加入 1 mL 水时，碳纳米管上的四氧化三铁团聚颗粒变小，呈花瓣状。而当乙二醇中的水增加到 2 mL 时，四氧化三铁完全分散。而再继续增加水的含量，四氧化三铁都能很好地分散。随着水量的增加，由于体系的还原能力减弱，负载四氧化三铁的颗粒量减少。因此，乙二醇中水的含量由

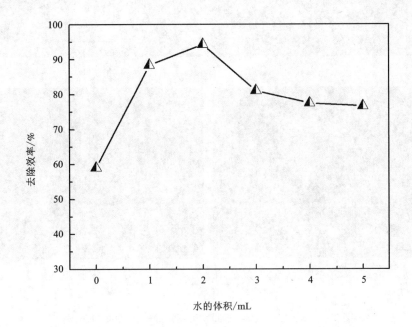

图 2 – 3 – 9　不同水量合成的催化剂对 AO Ⅱ去除效率的影响

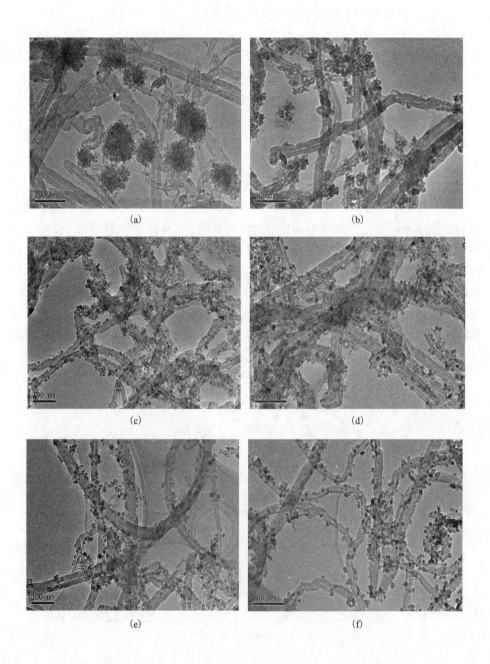

图 2 - 3 - 10　乙二醇中不同水量制备的催化剂的 TEM 图

(a)0 mL；(b)1 mL；(c)2 mL；(d)3 mL；(e)4 mL；(f)5 mL

0 增加到 2 mL 时，催化活性的增加是由于四氧化三铁逐步形成单分散、均匀的纳米颗粒。而当继续增加水量时，尽管四氧化三铁形成单分散的纳米颗粒，但负载量有一定减少，因此催化活性稍有下降。因此，在本研究中，保持水量为 2 mL。

3.3.1.6　溶剂热合成温度对催化活性的影响

由于温度对纳米颗粒的形成、长大都有很大的影响。而催化活性与纳米颗粒的大小有很大的关系。在本反应体系中，由于碳纳米管有一定的曲率，过大的纳米颗粒难以负载在有一定曲率的碳纳米管上，同时过大的纳米颗粒也会影响催化活性。本研究考察了其他合成条件(0.1 g 碳纳米管、0.2 g 乙酰丙酮铁、水与乙二醇的体积比 2∶10) 相同，而溶剂热合成温度分别为 200℃、210℃、220℃、230℃、240℃、250℃、260℃、265℃、270℃所合成的催化剂的催化活性，催化活性实验以 AO Ⅱ 的脱色效率来评价。AO Ⅱ溶液初始浓度为 0.25 mmol/L，催化剂投加量为 0.5 g/L，H_2O_2 的浓度为 15 mmol/L，反应温度为 30℃，反应时间为 30 min，结果如图 2-3-11 所示。可以看出，当合成温度为 200℃时，对 AO Ⅱ的去除效率只有 67.0%；随着合成温度升高，催化活性也逐渐增大，温度达到 260℃时催化活性达到最大，为 94.3%。当温度再升高到 265℃时，其催化活性开始下降，而到 270℃时，催化活性只有 59.4%。说明合成温度高于 265℃催化活

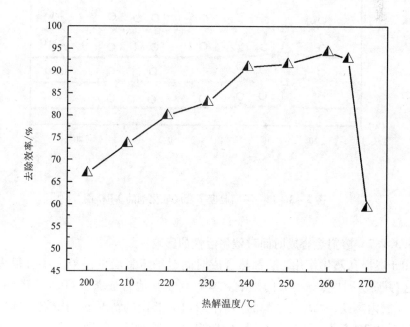

图 2-3-11　不同合成温度下合成催化剂对 AO Ⅱ的去除效率

性急剧下降。催化活性随溶剂热合成温度变化可用下面的理由来解释：当温度较低时，乙酰丙酮铁分解不完全，部分乙酰丙酮铁还残留在溶液中，四氧化三铁负载的量相对较少，而且难以生成结晶的四氧化三铁，因此所得到的样品的催化活性也就较低。随着合成温度的升高，四氧化三铁负载量和结晶度增加，因而催化活性提高。但当温度超过265℃以后，由于生成的四氧化三铁的纳米颗粒结晶度增加，活性下降。对 200～270℃ 所合成样品进行 XRD 表征（图 2-3-12），由 Scherrer's 方程 $D = (0.89\lambda)/(\beta\cos\theta)$ 可以计算样品的平均粒径，平均粒径分别为 2.2 nm、5.5 nm、6.0 nm、6.2 nm、6.7 nm、7.8 nm、8.0 nm 和 8.7 nm。因此，最佳的合成温度为 260℃。

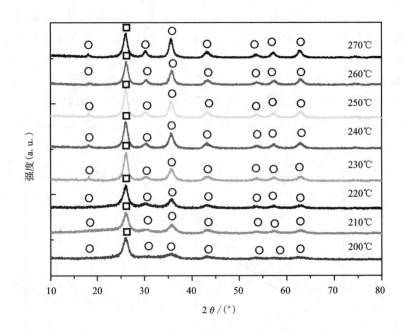

图 2-3-12　不同温度下合成催化剂的 XRD 图

3.3.1.7　溶剂热合成时间对催化活性的影响

由于奥斯瓦熟化作用，溶剂热合成时间对纳米颗粒的晶粒大小有很大的影响，这对催化活性会有很大的影响。本研究在其他合成条件（0.1 g 碳纳米管、0.2 g 乙酰丙酮铁、水与乙二醇的体积比 2∶10）相同的情况下，比较保温时间（指反应温度达 260℃ 至反应釜从油浴中取出这一段时间）分别为 20 min、30 min、40 min、50 min 和 60 min 所合成的催化剂的催化活性，催化活性实验以 AO Ⅱ 的脱色效率来评价。AO Ⅱ 溶液初始浓度为 0.25 mmol/L，催化剂投加量为 0.5 g/L，

H_2O_2 的浓度为 15 mmol/L，反应温度为 30℃，反应时间为 30 min，结果如图 2 - 3 - 13 所示。可以看出，当保温时间为 20 min 时，AO Ⅱ 的去除效率为 91.8%，而当保温时间为 30 min 时，AO Ⅱ 的去除效率达到最大，为 94.3%，但随着保温时间增加，催化活性逐渐下降，当保温时间为 60 min 时，AO Ⅱ 的去除效率为 85.7%。保温时间短，乙酰丙酮铁没有完全被还原，因而所得到的四氧化三铁的量较少。当保温时间为 30 min 时，能被完全还原，所以合成的催化剂的活性最高。而若保温时间过长，由于奥斯瓦熟化机理，晶粒逐渐长大，从而催化活性有所降低。对不同样品的 XRD 表征，结果如图 2 - 3 - 14 所示。由 Scherrer's 方程 $D = (0.89\lambda)/(\beta\cos\theta)$ 可以计算样品的平均粒径，平均粒径分别为 8.3 nm、8.3 nm、8.6 nm、9.1 nm 和 12.6 nm。因此，本研究制备催化的最佳保温时间为 30 min。

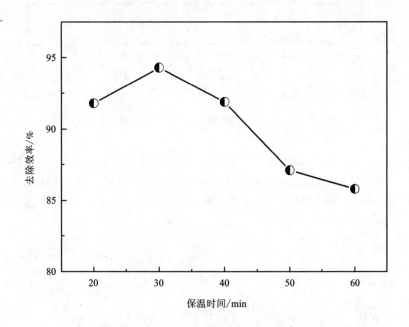

图 2 – 3 – 13　不同保温时间合成催化剂对 AO Ⅱ 的去除效率

3.3.1.8　Fe_3O_4 – MWCNTs 形成机理

对于碳纳米管负载金属或金属氧化物的形成机理很少报道，因此，本研究基于实验的结果提出 Fe_3O_4 – MWCNTs 可能形成的机理。认为 Fe_3O_4 – MWCNTs 形成分为两步，第一步，在形成 Fe_3O_4 以前，乙二醇通过高温分解及还原铁(Ⅲ)盐成为铁(Ⅱ)中间体。发生的化学反应如下：

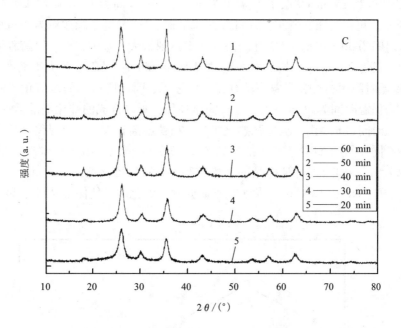

图 2 - 3 - 14　不同保温时间合成催化剂的 XRD 图

$$HOCH_2CH_2OH \longrightarrow CH_3CHO + H_2O \qquad (2-3-3)$$

$$CH_3CHO + 6Fe(acac)_3 + 9H_2O \longrightarrow 2Fe_3O_4 + CH_3COOH + 18Hacac$$
$$(2-3-4)$$

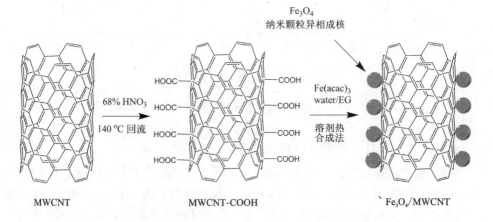

图 2 - 3 - 15　Fe₃O₄ - MWCNTs 形成过程缩略图

第二步，由于多相成核比均相成核具有更低的自由能，MWCNTs 充当 Fe_3O_4 多相成核的晶核在管壁上外延生长，MWCNTs 管壁上的有机基团或缺陷有利于结合金属原子。而且，在高压反应釜中溶剂的极性、黏度会影响前驱体的可溶性以及传输行为。

在本实验体系中，加入水能改变体系中溶剂的化学特性，如黏度、表面张力、介电常数、离子积常数。另外，加入少量的水也能改变局部的 pH，这对多相成核、结晶会有很大的影响。多相成核的外来颗粒大小及其曲率和表面性质也会有很大的影响，但在本实验中具体是哪些因素起着重要的作用，还需要进一步实验。

3.3.2 Fe₃O₄ – MWCNTs 样品表征

通过测定 Fe₃O₄ – MWCNTs 在不同合成条件下的催化活性，获得最佳条件下合成的催化剂，分别对催化剂的组成、结构、形貌、磁性特性等进行表征。

3.3.2.1 Fe₃O₄ – MWCNTs 的 XRD 图

图 2 – 3 – 16 为最佳条件下制备的 Fe₃O₄ – MWCNTs。可以看出碳纳米管在 2θ 为 26.0° 处有一个衍射峰，表明负载四氧化三铁后的碳纳米管并没有破坏原来的结构。而在 2θ 为 18.2°、30°、35.4°、43°、53.4°、56.9°、62.6° 处的衍射峰归于四氧化三铁。衍射峰明显变宽，说明最佳条件下负载为纳米四氧化三铁。

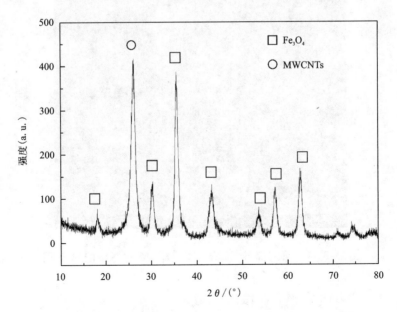

图 2 – 3 – 16　最佳条件下制备的 Fe₃O₄ – MWCNTs 的 XRD 图

3.3.2.2 Fe_3O_4 - MWCNTs 的 SEM 图

颗粒的尺寸、形态及其粒径分布是催化剂的重要性质，能够影响催化剂的活性。SEM 能够直观形象地显示物质表面的微观特征，图像立体感强。图 2 - 3 - 17 为不同放大倍数的 SEM 图。可以看出碳纳米管上面均匀负载着纳米颗粒。

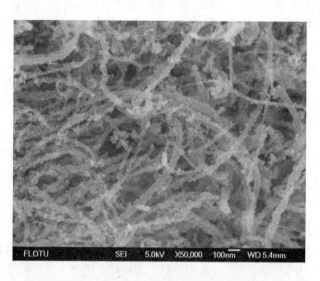

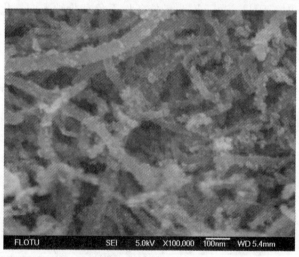

图 2 - 3 - 17　最佳条件下制备的 Fe_3O_4 - MWCNTs 的 SEM 图

3.3.2.3 Fe_3O_4 - MWCNTs 的 TEM 图

TEM 和 HRTEM 是一种高分辨率、高放大倍数的显微镜，能提供极微细材料的组织结构、晶体结构和化学成分等方面的信息。图 2 – 3 – 18 为最佳条件制备的 Fe_3O_4 – MWCNTs 的 TEM 图、HRTEM 图及通过统计计算的粒径分布图。从图 2 – 3 – 18(a)中可以看到纳米四氧化三铁均匀负载在碳纳米管上。从图 2 – 3 – 18 (b)中可以看出颗粒呈近似球形形状,而且可以清楚地看到晶格条纹,通过测定对应四氧化三铁的(220)晶面。通过粒径大小测量进行统计,结果如图 2 – 3 – 18 (c)所示。粒径范围为 4.2 ~ 10.0 nm,呈高斯正态分布,粒径分布范围较窄。统

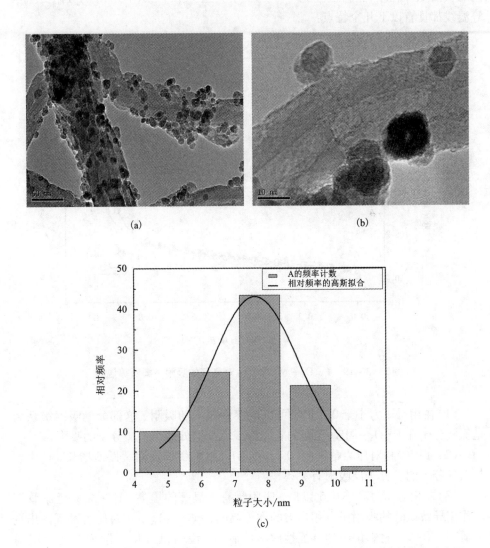

图 2 – 3 – 18　最佳条件下制备的 Fe_3O_4 – MWCNTs 的 TEM、HRTEM 与粒径分布图

(a)TEM 图;(b)HRTEM 图;(c)粒径分布图

计计算平均粒径为 7.4 nm。

3.3.2.4　Fe_3O_4 – MWCNTs 的 BET 分析

图 2 – 3 – 19 为 Fe_3O_4 – MWCNTs 吸附氮气的吸附 – 解吸曲线。根据 IUPAC 的分类，Fe_3O_4 – MWCNTs 比表面积测定所得的氮气的吸附 – 解吸等温线呈现明显的 type Ⅳ 类型。在不同的相对压力范围内，氮气的吸附 – 解吸等温线反映出不同的表面积和孔结构特性。图 2 – 3 – 19 中典型 Fe_3O_4 – MWCNTs 的吸附 – 解吸等温线都具有以下几个特点：

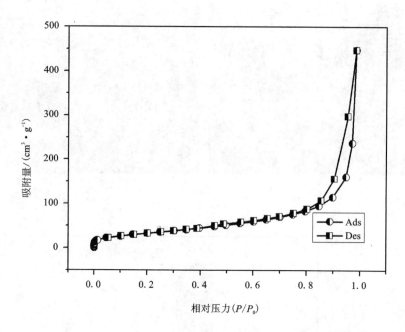

图 2 – 3 – 19　Fe_3O_4 – MWCNTs 对氮气的吸附 – 解吸等温线

(1)在相对压力小于 0.1 时，可以观察到氮气的吸附，这部分的吸附被认为是氮气分子在 Fe_3O_4 – MWCNTs 的管腔内或者管壁外的第一层分子的吸附；

(2)在中等相对压力范围内(0.1 ~ 0.5)，吸附量稳定而缓慢地增长，这主要与氮气分子的多分子层吸附有关；

(3)在相对压力高于 0.5 以后，吸附量有了显著的提高，这主要是毛细管沉积作用导致氮气的吸附量有相当大的增加幅度，同时在这个相对压力范围内出现了典型中孔吸附材料解吸的特征性解吸滞后圈，说明氮气从碳纳米管的解吸需要比吸附更高的能量。通过 Fe_3O_4 – MWCNTs 对氮气的吸附 – 解吸曲线，运用标准的 BJH 方法，可以得到 Fe_3O_4 – MWCNTs 的孔径分布曲线(图 2 – 3 – 20)。图 2 – 3 – 20 中显示 Fe_3O_4 – MWCNTs 的孔径在 3 nm 左右，且呈现窄分布。对比负载前后的碳纳米管,可以发现负载后的 Fe_3O_4 – MWCNTs 的比表面积减少,从 148.8 m^2/g 降低到 121.5 m^2/g,中孔孔容稍有升高,从 0.69 cm^3/g 增加到 0.70 cm^3/g,微孔孔容都有了明显下降,分别从 0.060 cm^3/g 下降到 0.046 cm^3/g。

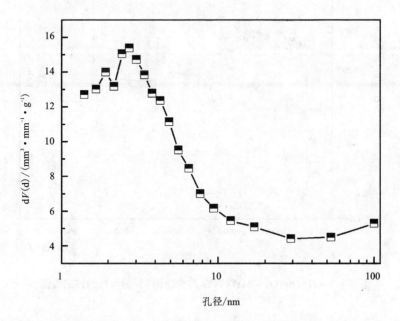

图 2 – 3 – 20　Fe_3O_4 – MWCNTs 的孔径分布

3.3.2.5　Fe_3O_4 – MWCNTs 的 XPS 分析

XPS 所获得的信息直接反映了样品表面原子或分子的电子层结构,具有对样品表面元素组成及状态变化的分析能力。图 2 – 3 – 21 为 Fe_3O_4 – MWCNTs 的全谱图及铁的精细谱图。从图中可以看出,Fe_3O_4 – MWCNTs 含有 C、Fe、O 元素。对 Fe2p 精细扫描可以看出,在 710 ~ 724 eV 没有卫星峰,说明负载的氧化物为四氧化三铁。

3.3.2.6　Fe_3O_4 – MWCNTs 的 Raman 光谱

Raman 光谱已广泛用于碳纳米管的石墨结构和结构缺陷表征,可用来比较氧化前、后的结构的变化。图 2 – 3 – 22 为 Fe_3O_4 – MWCNTs 的 Raman 光谱。可以看到,Fe_3O_4 – MWCNTs 在 1580 cm^{-1} 和 1350 cm^{-1} 处有两个明显的特征吸收峰。但 G 峰和 D 峰的峰强度明显不同,通过对 G 峰和 D 峰多峰拟合计算得出 Fe_3O_4 – MWCNTs 的 I_D/I_G 为 0.81,比酸氧化后的碳纳米管的 I_D/I_G 减少 0.99,说明 Fe_3O_4 与碳纳米管形成化学键作用,而不仅仅是物理吸附。

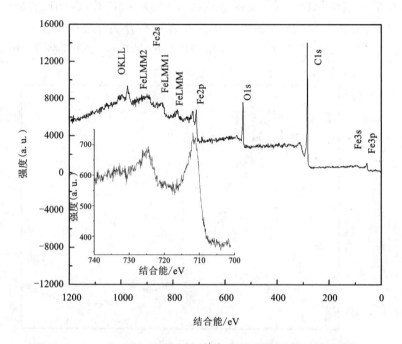

图 2 - 3 - 21 Fe₃O₄ - MWCNTs 的全谱图(插图为铁的精细谱图)

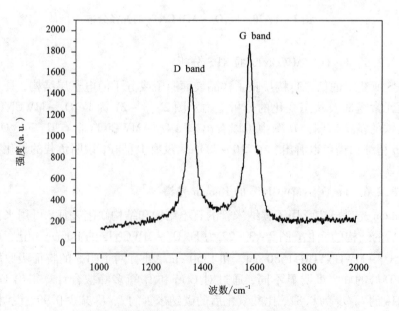

图 2 - 3 - 22 Fe₃O₄ - MWCNTs 的 Raman 光谱

3.3.2.7　Fe₃O₄ - MWCNTs 的室温 VSM 测定

为了研究所制备样品的磁学性质，我们测试了最佳条件下合成的 Fe_3O_4 - MWCNTs 在室温（300 K）下磁化强度随磁场变化的情况，结果如图 2 - 3 - 23 所示。可以看出样品的磁化强度随外加磁场强度 H 的增加而增大，在外加磁场强度足够高时趋于饱和；如果将磁场强度逐渐降低至零，则它们的磁化强度随之降低，趋近于零；若继续反向施加磁场，磁化强度又反向达到饱和，几乎无剩磁及磁滞现象。样品的磁滞回线大致为一重合的"S"形曲线，显示出良好的超顺磁性。样品饱和磁化强度为 19.7 emu/g，比粉末的四氧化三铁的饱和磁矩要小。这主要有两个原因：一是碳纳米管负载的四氧化三铁的质量只有 20% 左右；二是由于粒子的纳米尺寸效应。图 2 - 3 - 23 插图中显示在外加磁强作用下，Fe_3O_4 - MWCNTs 很快被磁铁吸引，达到快速分离。

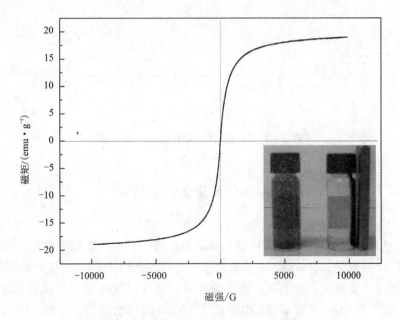

图 2 - 3 - 23　Fe₃O₄ - MWCNTs 室温磁滞回线
（插图表示磁铁对 Fe₃O₄ - MWCNTs 在溶液中的吸引）

3.3.2.8　Fe₃O₄ - MWCNTs 的表面电势测定

固体催化剂催化活性与很多因素有关，如比表面积、晶体结构、粒径大小等，也与催化剂的表面电荷因素有关。因此，对表面电势的测定可以更好地了解催化性能。Fe_3O_4 - MWCNTs 的表面电势测定结果如图 2 - 3 - 24 所示。可以看出 Fe_3O_4 - MWCNTs 的等电点的 pH 为 2.8。碳纳米管表面具有 sp^2 杂化的大 π 键以及表面氧化处理后具有带点基团，等电点 pH 较低。负载四氧化三铁后，其等电点向更大的 pH 方向偏移，这可能是由于四氧化三铁与表面有机功能团结合，或占住了碳纳米管表面，从而使等电点发生移动。

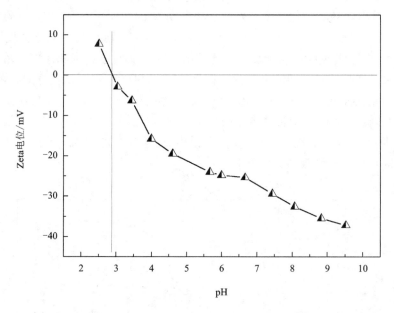

图 2 – 3 – 24　Fe₃O₄ – MWCNTs 等电点

3.3.3　Fe₃O₄ – MWCNTs 催化反应条件的优化

3.3.3.1　pH 的影响

均相 Fenton 反应中溶液 pH 对 Fenton 反应降解有机污染物有很大的影响。在较低的 pH 条件下（pH < 2），由于氢离子能捕获·OH，Fenton 反应的降解能力降低。在高 pH 条件下，由于亚铁离子的水解并且在溶液中生成羟基铁氧化合物，从而催化产生·OH 速度减慢，也降低了 Fenton 反应的效率。因此，均相 Fenton 反应的最佳的 pH 为 2.5 ~ 3.5。为了确定 Fe₃O₄ – MWCNTs 的多相 Fenton – like 反应降解有机物的适用 pH 范围，我们研究了溶液的 pH 对 Fe₃O₄ – MWCNTs 的多相 Fenton – like 的影响。图 2 – 3 – 25 为催化剂投加量为 0.5 g/L，H₂O₂ 浓度为 15 mol/L，反应时间为 30 min 时，降解 0.25 mmol/L AO Ⅱ 溶液的去除效率随溶液的 pH 的变化关系图。可明显看出 pH 对 AO Ⅱ 溶液的去除效率有很大的影响，pH 为 3.0 ~ 4.0 时去除效率变化不大，pH 为 3.5 时达到最大，但当溶液的 pH 高于 4.5，AO Ⅱ 溶液的去除效率突然下降，当 pH 为 5.5 时，去除效率只有 20%。因此最佳的 pH 为 3.5。

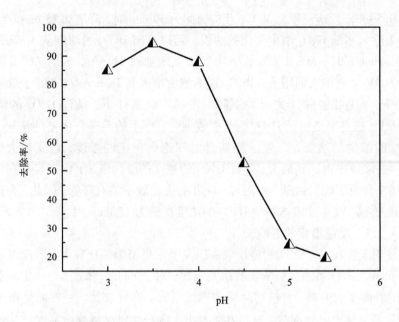

图 2 – 3 – 25 AO II 去除效率随不同 pH 变化关系

3.3.3.2 H$_2$O$_2$ 浓度的影响

H$_2$O$_2$ 浓度在 Fenton 反应中是重要的影响因素。图 2 – 3 – 26 给出了催化剂投

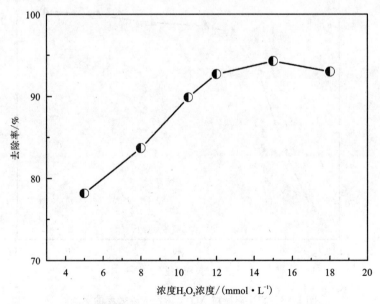

图 2 – 3 – 26 H$_2$O$_2$ 浓度对 AO II 的去除效率的影响

加量为 0.5 g/L，反应温度为 30℃，反应时间为 30 min 时，降解 0.25 mmol/L AO Ⅱ 溶液的去除效率随 H_2O_2 浓度变化的曲线。可以看出 H_2O_2 的浓度从 5 mmol/L 增加到 15 mmol/L 时，AO Ⅱ 去除效率从 78.2% 增加到 94.3%，表明 AO Ⅱ 去除效率随着 H_2O_2 浓度增大而增大，当 H_2O_2 的浓度增大到 18 mmol/L 时，去除效率变为 93.0%，AO Ⅱ 去除能力反而下降，在本实验条件下，最佳 H_2O_2 的浓度为 15 mmol/L。这主要是由于 H_2O_2 的浓度较低时，产生的羟基自由基的量较少；随着 H_2O_2 的浓度的增加，产生的羟基自由基达到一定的浓度，达到最大值，对 AO Ⅱ 的去除效率也达到最大；随着 H_2O_2 的浓度的继续增加，由于羟基自由基能与 H_2O_2 复合而消耗自由基，从而对 AO Ⅱ 的去除效率略有降低，因此，为达到最佳的去除效率，在本反应体系中 H_2O_2 的浓度应该为 15 mmol/L。

3.3.3.3　反应温度的影响

温度对于反应分子之间的碰撞频率以及吸附平衡影响比较大，因此温度可能会对 Fenton 反应体系造成影响。有研究表明，对于 Fenton 体系，在一定的温度范围内，随着温度的升高，有机物降解的速度增大。降解加快，一方面是由于过氧化氢在较高温度下分解加快，另一方面是由于能够提供反应物所需要活化能。图 2–3–27 给出了反应体系中催化剂投加量为 0.5 g/L，H_2O_2 浓度为 15 mmol/L，反应时间为 30 min，溶液 pH 为 3.5，浓度为 0.25 mmol/L 的 AO Ⅱ 溶液的去除效

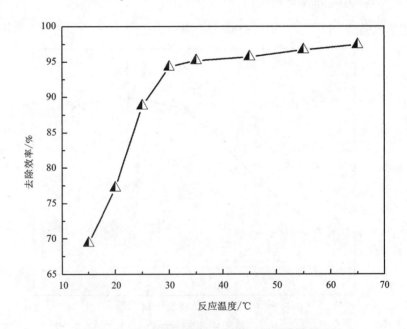

图 2–3–27　温度对 AO Ⅱ 溶液去除效率的影响

率随温度变化的曲线。当温度为 15℃时，AO Ⅱ溶液的去除效率只有 69.4%，随着温度的升高，AO Ⅱ溶液的去除效率也迅速升高，当温度达到 30℃以后，AO Ⅱ溶液的去除效率增加缓慢。本研究反应的温度为 30℃。

3.3.3.4　催化剂投加量对去除效率的影响

多相催化剂催化反应发生在催化剂的表面，一般来说，催化剂的投加量越多，反应活性位也越多，催化能力也越强。为考察催化剂的投加量对去除效率的影响，固定 AO Ⅱ溶液浓度为 0.25 mmol/L，pH 为 3.5，H_2O_2 的浓度为 15 mmol/L，考察不同催化剂投加量对 AO Ⅱ的去除效率的影响。图 2 – 3 – 28 示出了 AO Ⅱ的去除效率随不同催化剂投加量的变化关系。从图 2 – 3 – 27 可以看出，当催化剂投加量为 100 mg/L 时，AO Ⅱ的去除效率为 49.0%；当催化剂投加量为 300 mg/L 时，AO Ⅱ去除效率上升到 81.2%；当催化剂投加量为 500 mg/L 时，AO Ⅱ去除效率上升到 94.3%。这表明 AO Ⅱ的去除效率随着催化剂投加量增加而提高。但再增加催化剂的投加量，其降解速率变化不大甚至有所下降，当催化剂投加量为 600 mg/L 时，AO Ⅱ的去除效率仍为 93.7%。这一方面可能由于催化剂投加量增加，催化活性位增加，降解速度提高；另一方面可能由于催化剂投加量增加，催化活性位增加，产生大量的·OH，由于自由基的寿命不足 1 ns，不能及时与溶液中的 AO Ⅱ反应，反而加速·OH 的淬灭，不利于 AO Ⅱ的去除效率。因此本研究

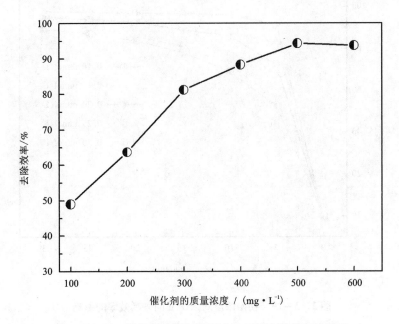

图 2 – 3 – 28　催化剂的投加量对 AO Ⅱ的去除效率的影响

中最佳催化剂投加量为 500 mg/L。

3.3.3.5　AO Ⅱ 的浓度对去除效率的影响

污染物的浓度是所处理水体的一个重要参数,对化学试剂(氧化剂)的用量及所需处理时间有重要影响。为考察不同浓度的 AO Ⅱ 的影响,固定催化剂催化剂投加量为 500 mg/L,H_2O_2 的浓度为 15 mmol/L,AO Ⅱ 溶液的 pH 为 3.5,降解不同浓度的 AO Ⅱ 溶液,结果如图 2-3-29 所示。虽然 AO Ⅱ 的浓度在 0.05~0.3 mmol/L 范围内,AO Ⅱ 都有很高的去除效率,但反应物起始浓度对 AO Ⅱ 去除效率有着显著影响。当 AO Ⅱ 浓度从 0.05 mmol/L 增加为 0.3 mmol/L 时,AO Ⅱ 的去除效率从 98.6% 下降为 89.7%,表明 AO Ⅱ 去除效率随着染料浓度的升高而下降。这是因为,在 Fenton-like 试剂量一定的情况下,可近似认为水溶液中产生的羟基自由基的量是一定的,所以随着反应物总量的提高,用于进攻发色基团的·OH 自由基的量不足以完全打断 AO Ⅱ 染料的发色基团,另一方面,由于染料的脱色反应主要发生在 Fe_3O_4-MWCNTs 表面区域,随着染料浓度升高,AO Ⅱ 占住 Fe_3O_4-MWCNTs 表面的活性位越多,不利于 Fe_3O_4-MWCNTs 催化活化 H_2O_2,从而使得体系中羟基自由基的产率降低,导致 AO Ⅱ 去除效率降低。

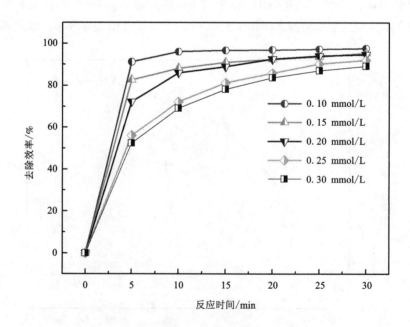

图 2-3-29　初始浓度对 AO Ⅱ 的去除效率的影响

Langmuir – Hinshelwood 动力学方程是目前公认的描述 Fenton – like 反应的基本动力学方程之一，如式(2 – 3 – 5)所示。

$$r = \frac{dc_t}{dt} = \frac{kKc_t}{1 + Kc_t} \tag{2 – 3 – 5}$$

式中：r 为反应速效率，mg/L·min；c_t 为 AO II 的浓度，mg/L；t 为反应时间，min；k 为化合物的 Langmuir 速效率常数，mg/L·min；K 为化合物在催化剂上的吸附常数，L/mg。

当有机物浓度较低且在催化剂上吸附很小时，$Kc_t \ll 1$，则有

$$r \approx kKc_t = -\frac{dc_t}{dt} \tag{2 – 3 – 6}$$

积分得：

$$\ln(c_0/c_t) = kKt + a = K't + a \tag{2 – 3 – 7}$$

此时表现为一级反应，$\ln(c_0/c_t)$ – t 为直线关系。式中 K' 为表观一级反应速效率常数。根据上述理论，对 AO II 的降解过程进行一级动力学模拟，结果如图 2 – 3 – 30 所示；表 2 – 3 – 1 则给出了速效率常数及其相关系数，表明该反应遵循一级动力学方程。

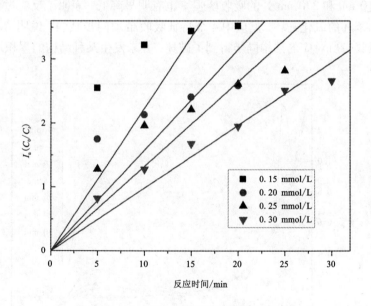

图 2 – 3 – 30　$\ln(c_0/c_t)$ 与反应时间 t 的关系

表2-3-1 染料初始浓度对 AO Ⅱ 降解准一级动力学影响

AO Ⅱ/($mmol \cdot L^{-1}$)	0.15	0.20	0.25	0.30
kobs/(min^{-1})	0.163	0.122	0.119	0.0983
R^2	0.892	0.897	0.946	0.983

3.3.3.6 AO Ⅱ 降解过程 UV-vis 光谱

AO Ⅱ 是一种酸性偶氮染料，如图2-3-31所示，它的三个特征吸收峰分别出现在230 nm、310 nm、484 nm 处，其中484 nm 处代表 AO Ⅱ 发色集团偶氮键的吸收峰，230 nm 处代表苯环的吸收峰，310 nm 处代表萘环的吸收峰，因此我们可用 UV-vis 光谱的变化来跟踪 AO Ⅱ 的降解过程。图2-3-31 为在最佳实验条件下（催化剂投加量为500 mg/L，H_2O_2 的浓度为15 mmol/L，AO Ⅱ 的浓度为0.25 mmol/L，pH 为3.5，反应温度为30℃），Fe_3O_4-MWCNTs 催化 H_2O_2 降解 AO Ⅱ 的 UV-vis 光谱图。可以看出，随着反应的进行，AO Ⅱ 在484 nm 处的特征吸收峰强度逐渐减弱，反应30 min 后，484 nm 和430 nm 处的特征峰基本消失，在反应过程中可见区并没有出现新的吸收峰，说明此时 AO Ⅱ 的偶氮键被有效地破坏，且310 nm 和230 nm 处的吸收峰强度也有明显降低，表明了反应过程中伴随有萘环和苯环的氧化开环，反应中4个特征吸收带均同步减弱，说明 AO Ⅱ 的三个特征吸收带所对应的结构同步得到了破坏，并未发生某种结构的累积现象。

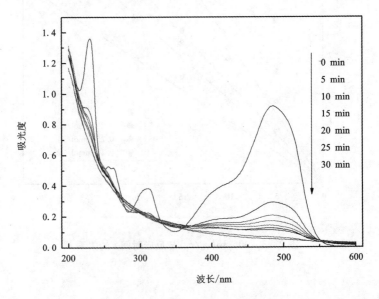

图2-3-31 AO Ⅱ 降解过程中 UV-Vis 光谱变化图（测定时稀释6倍）

3.3.4　Fe₃O₄ - MWCNTs 催化活性对比实验

　　为了更好地说明四氧化三铁负载后其活性增强情况，本研究比较了粉末 Fe₃O₄、纳米 Fe₃O₄、MWCNTs 和 Fe₃O₄ - MWCNTs 的催化活性。采用相同的实验条件来催化降解 AO Ⅱ溶液，比较它们的去除效率。实验条件为：溶液中催化剂投加量为 500 mg/L，AO Ⅱ浓度为 0.25 mmol/L，pH 为 3.5，H₂O₂ 的浓度为 15 mmol/L，反应时间为 30 min，实验结果如图 2 - 3 - 32 所示。可以看出，与 Fe₃O₄ - MWCNTs 等质量的粉末 Fe₃O₄、纳米 Fe₃O₄，AO Ⅱ 的去除效率分别为 15.4%、37.1%，而 Fe₃O₄ - MWCNTs 降解 AO Ⅱ 的去除效率为 94.3%，由于 MWCNTs 只是吸附没有降解 AO Ⅱ，图 2 - 3 - 32 中数据没有显示，吸附效率为 21.6%。这就说明粉末 Fe₃O₄ 很难催化 H₂O₂ 降解 AO Ⅱ。即使是纳米 Fe₃O₄，去除效率也不高。而只有负载 20% 的四氧化三铁去除效率明显提高。催化活性的增强归因于负载的四氧化三铁均匀地分散、粒径呈单分散以及碳纳米管的协同效应。

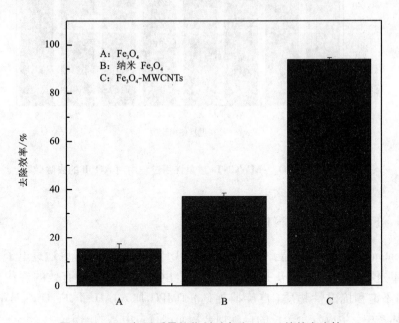

图 2 - 3 - 32　相同质量催化剂对去除 AO Ⅱ 的效率比较

3.3.5　Fe₃O₄ - MWCNTs 的重复使用

　　多相催化剂合成、使用的主要目的之一是便于反应后催化剂的固液分离以回收利用，尤其是磁性催化剂容易通过磁性分离重复利用。每次实验完毕用磁铁吸附，然后收集洗涤后，烘干，再重复下一次实验。实验条件为：溶液中催化剂投加量为 500 mg/L，AO Ⅱ 浓度为 0. 25 mmol/L，pH 为 3. 5，H_2O_2 的浓度为 15 mmol/L，反应时间为 30 min，结果如图 2 – 3 – 33 所示。可以看出，使用第一次去除效率为 94.3%，第 8 次仍有 79.4%，在重复 8 次后活性没有明显降低，说明 Fe_3O_4 – MWCNTs 作为多相 Fenton – like 催化剂具有稳定的催化性能。

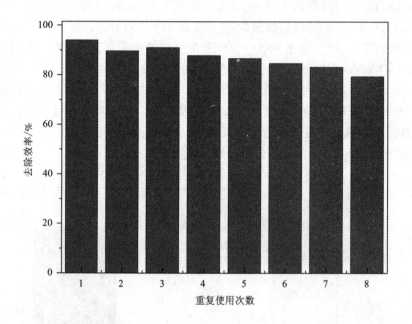

图 2 – 3 – 33 Fe_3O_4 – MWCNTs 重复使用过程中对 AO Ⅱ 的去除效率

3.3.6 Fe_3O_4 – MWCNTs 催化机理

Fenton 反应的实质是能否产生自由基·OH。·OH 一般可以通过电子自旋共振(ESR)仪直接测定。ESR 是测定短寿命自由基的一种非常有效的现代分析技术。将不饱和抗磁性物质(自旋捕捉剂) DMPO 加入 AO Ⅱ/Fe_3O_4 – MWCNTs/H_2O_2 体系中，生成寿命较长的自旋加合物而进行自由基的测定。

$$DMPO + R \cdot \longrightarrow DMPO - \cdot R \qquad (2-3-8)$$

图 2 – 3 – 34 为自旋捕获 DMPO – ·OH 加合物的 ESR 波谱。图 2 – 3 – 34 显示有一个四重峰，其强度为 1:2:2:1，其明显的特征峰为 DMPO – ·OH 加合物的 ESR 波谱的特征信号峰。这说明 Fe_3O_4 – MWCNTs 能活化 H_2O_2 产生羟基自由基，该反应体系涉及·OH 自由基的产生和参与反应，·OH 为该体系催化反应的主要氧化中间体。

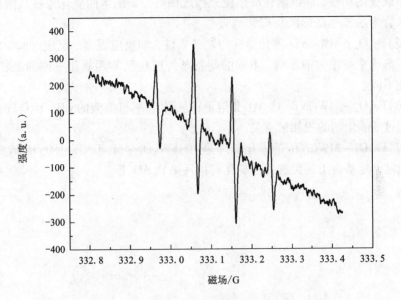

图 2 - 3 - 34　DMPO 捕获羟基自由基 ESR 谱图

3.4　本章小结

本章使用酸氧化后的碳纳米管作为载体，以乙酰丙酮铁作为铁源，利用环境友好的有机溶剂乙二醇作为还原剂，采用溶剂热原位方法制备了 Fe_3O_4 - MWCNTs。本研究利用 XRD、SEM、TEM、BET、XPS、VSM 和表面电势等手段对催化剂的物理化学特征进行表征。将 Fe_3O_4 - MWCNTs 作为多相 Fenton - like 催化剂来催化偶氮染料 AO Ⅱ，结果表明：

（1）利用环境友好的溶剂，通过控制乙二醇与水溶剂的比例，成功合成 Fe_3O_4 - MWCNTs 杂合物。水在溶剂中的含量在本反应体系起到很重要的作用。乙二醇中加入少量的水能改变四氧化三铁纳米颗粒大小以及分散性。

（2）对合成样品进行 XRD 及 XPS 表征，说明所合成的纳米颗粒为四氧化三铁。对合成样品进行 VSM 测定，结果显示四氧化三铁具有超顺磁性，饱和磁矩为 19.7 emu/g。

（3）从 TEM 图测得四氧化三铁的粒径分布为 4.2 ~ 10.0 nm，平均粒径为 7.4 nm。而且四氧化三铁能均匀地分散在碳纳米管上，形成单分散的四氧化三铁。

（4）提出 Fe_3O_4 - MWCNTs 形成机理，可能是由于碳纳米管在成核体系中充当多相成核的晶核，碳纳米管缺陷位充当成核点位。纳米四氧化三铁从溶液中以碳纳米管为晶核逐渐形成及长大。

（5）Fe_3O_4 – MWCNTs 催化活性与制备条件，如反应温度、反应时间、负载量以及溶剂比率有很大的影响。不同的制备条件所得到的四氧化三铁的晶粒大小、分散性不同。

（6）Fe_3O_4 – MWCNTs 对 AO Ⅱ 溶液的去除效率与溶液的 pH、H_2O_2 的浓度、反应温度、催化剂的投加量有关。

（7）Fe_3O_4 – MWCNTs 的催化机理是由于 Fe_3O_4 – MWCNTs 催化 H_2O_2 产生羟基自由基，羟基自由基无选择性矿化有机污染物 AO Ⅱ。

第 4 章　Fe₃O₄ – MWCNTs 降解阳离子染料亚甲基蓝

4.1　引言

Fe$_3$O$_4$ – MWCNTs 的等电点为 2.8，当溶液的 pH $>$ 2.8 时，Fe$_3$O$_4$ – MWCNTs 表面带负电，容易吸附带正电的离子。对于固 – 液界面的反应，底物在催化剂表面的吸附越多越有助于催化反应进行。在偶氮染料中有阴离子和阳离子染料。阳离子染料是一种色泽十分浓艳的水溶性染料，在溶液中电离生成色素阳离子以及简单的阴离子。亚甲基蓝（methylene blue，简称 MB）是一种重要的阳离子染料，广泛应用于腈纶印染、彩纸、染发着色等领域。人急性染上亚甲基蓝能引起人的健康问题，如心率加快、呕吐、休克、苍白病、变性珠蛋白小体形成、组织坏疽病等。其分子式为 C$_{16}$H$_{18}$N$_3$SCl，分子结构有如图 2 – 4 – 1 中所示的两种形式。其

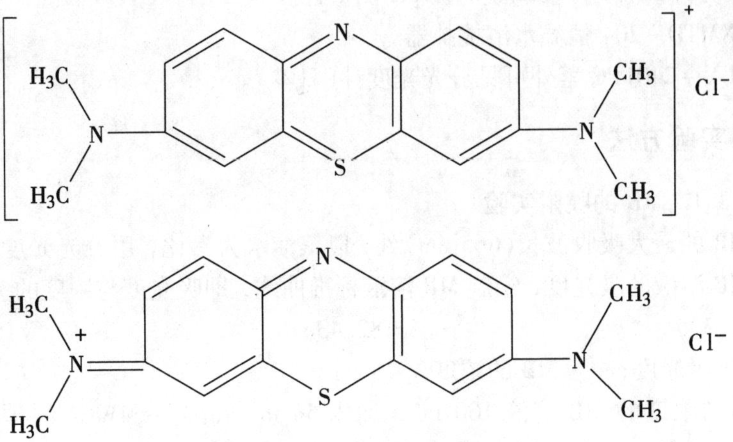

图 2 – 4 – 1　亚甲基蓝的两种分子结构

分子结构中含有与苯环相连的，带有孤对电子的氮、硫生色基团。整个分子为对称分布，中部为两个苯环与一个 N、S 杂环共轭的大 π 体系，两边的苯环各接一个二甲胺基，正电荷平均分布于整个共轭体系中。它在水溶液中形成一价有机"阳离子型"的季胺盐离子基团。本研究以亚甲基蓝阳离子染料为有机染料污染物模型，研究 Fe_3O_4 – MWCNTs 降解阳离子型染料的催化活性。

4.2　实验部分

4.2.1　实验材料与试剂

（1）实验材料。

微孔滤膜 0.45 μm。

（2）试剂。

亚甲基蓝（分析纯，国药集团化学试剂有限公司）、过氧化氢（30%，国药集团化学试剂有限公司）、硫酸（分析纯，北京化学试剂公司）、氢氧化钠（分析纯，北京化学试剂公司）。

所有溶液均为超纯净水配制。

4.2.2　实验仪器

（1）METTLER – TOLEDO 电子天平。

（2）SHB – Ⅲ 循环式多用真空泵。

（3）DF – 101S 焦热式恒温加热磁力搅拌器。

（4）PB – 10 普及型玻璃膜电极 pH 测量计。

（5）XMTD – 204 恒温水浴搅拌器。

（6）UV – 2401PC 紫外可见分光光度计（日本）。

4.2.3　实验方法

4.2.3.1　MB 的吸附实验

在 MB 的最大吸收波长（665 nm）处，以蒸馏水为参比，用分光光度计测定不同浓度 MB 溶液的吸光度，绘制 MB 溶液标准曲线，即吸光度与浓度的关系式为：

$$A = 82.43c \qquad (2 - 4 - 1)$$

式中：A 为吸光度；c 为 MB 的浓度。

将不同浓度的 MB 溶液 100 mL，加入 50 mg Fe_3O_4 – MWCNTs 催化剂，于 30℃水浴加热搅拌定时取样，直至吸附平衡为止，计算吸附量。Fe_3O_4 – MWCNTs 催化剂对染料 MB 的吸附量由下式计算：

$$Q = \Delta c \times V/m \qquad\qquad (2-4-2)$$

式中：$\Delta c = (c_0 - c_e)$，为 MB 溶液起始浓度与平衡浓度的差；V 为 MB 溶液的体积；m 为 Fe$_3$O$_4$ – MWCNTs 催化剂的质量。

4.2.3.2　MB 的降解试验

将一定量的 Fe$_3$O$_4$ – MWCNTs 催化剂加到 MB 溶液中，于 30℃ 水浴加热搅拌 20 min，加入一定量的 H$_2$O$_2$，反应 30 min 取样，于 665 nm 波长处测吸光度。分别考察 pH、H$_2$O$_2$ 浓度、Fe$_3$O$_4$ – MWCNTs 复合纳米催化剂投加量、反应温度、MB 溶液浓度等因素对去除效率的影响。然后按照下面的公式计算 MB 的去除率 D：

$$D = (c_0 - c_t)/c_0 \times 100\% \qquad\qquad (2-4-3)$$

式中：c_0 为 MB 初始浓度；c_t 为 t 时刻的 MB 的浓度。

4.2.3.3　MB 的降解 UV – Vis 光谱变化

AO Ⅱ降解过程中不同时刻的 UV – Vis 光谱变化采用 UV – 2401PC 紫外可见分光光度计(日本岛津公司)测量。

4.3　结果与讨论

4.3.1　Fe$_3$O$_4$ – MWCNTs 对 MB 的吸附

4.3.1.1　Fe$_3$O$_4$ – MWCNTs 不同 pH 条件下的对 MB 的吸附

图 2 – 4 – 2 所示为 Fe$_3$O$_4$ – MWCNTs 在不同 pH 下吸附 MB 过程，起始浓度为

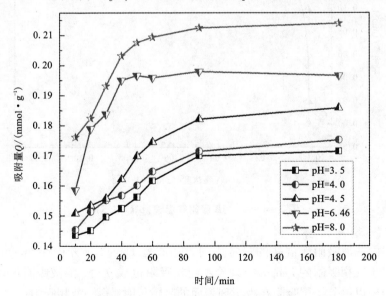

图 2 – 4 – 2　Fe$_3$O$_4$ – MWCNTs 在不同 pH 条件下对 MB 等温吸附过程

0.20 mmol/L。可以看出，在不同的 pH 条件下，催化剂的吸附量均随着时间的增加而增加，在 90 min 已达到吸附平衡。同时吸附量受 pH 影响，pH 越大吸附量越大，如在酸性条件下（pH = 3.5），平衡吸附量为 0.17 mmol/g。在 pH = 6.4 条件下，平衡吸附量为 0.197 mmol/g，而在碱性条件下（pH = 8.0），平衡吸附量 0.212 mmol/g。该吸附规律可从催化剂的 Zeta 电位变化得到解释：因为催化剂表面在溶液 pH 大于等电点 2.8 时，表面带负电荷，溶液 pH 越高，催化剂表面带的负电荷越多，吸附的带正电荷的 MB 离子越多。因此，当溶液 pH 为 8.0 时，MB 在催化剂表面的吸附量最大。

4.3.1.2　Fe₃O₄ – MWCNTs 对 MB 的吸附等温线

图 2 – 4 – 3 所示为 MB 的 pH 为 3.5 时，Fe₃O₄ – MWCNTs 对 MB 的吸附等温线，可以看出，催化剂对 MB 的吸附量随浓度的增加而增加，在平衡浓度 0.0149 mmol/L 时达到最大，最大平衡吸附量为 0.171 mmol/g。当平衡浓度超过此平衡浓度时，平衡吸附量不再增加。

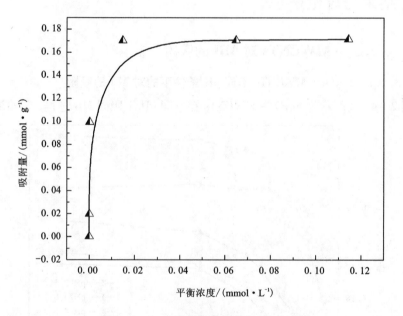

图 2 – 4 – 3　MB 吸附等温线（pH = 3.5）

描述固 – 液吸附等温线的最常用的表达式是 Langmuir 方程和 Freundlich 方程。相对于气相吸附的 Langmuir 理论对液相吸附也成立时，溶液吸附可以忽略，吸附质分子以单分子层吸附在吸附剂表面的吸附位时，得到液相吸附：

Langmuir 方程表达式：

$$\frac{c_e}{Q_e} = \frac{c_e}{Q_0} + \frac{1}{bQ_0} \qquad (2-4-4)$$

式中：$Q_e = (c_0 - c_e)/c_s$ 为吸附平衡时 Fe_3O_4 – MWCNTs 对染料的吸附量，mmol/g；c_0 和 c_e 分别为吸附前及吸附达平衡后过滤滤液中染料的物质的量浓度，mmol/L；c_s 为 Fe_3O_4 – MWCNTs 质量浓度，g/L；b 为常数；Q_0 为 Fe_3O_4 – MWCNTs 对染料最大吸附量，mmol/g。

将实验数据经过计算，代入式(2 – 4 – 4)中，以 $c_e/Q_e - c_e$ 作图。

可见直线关系成立，得线性方程：

$$c_e/Q_e = 5.82c_e + 0.0021 \qquad (2-4-5)$$

线性相关系数 $R^2 \approx 1$，$Q^0 = 0.172$ mmol/L，$k = 2771.4$ L/mmol。

Freundlich 方程表达式：

$$\lg Q_e = \frac{1}{n}\lg c_e + \lg k \qquad (2-4-6)$$

式中：$Q_e = (c_0 - c_e)/c_s$ 为吸附平衡时 Fe_3O_4 – MWCNTs 对染料的吸附量，mmol/g；c_0 和 c_e 分别为吸附前及吸附达平衡后过滤滤液中染料的物质的量浓度，mmol/L；n，k 为常数，其中 k 反映吸附量的大小，n 描述等温变化的趋势。

将实验数据经过计算，代入式(2 – 4 – 6)中，以 $\lg Q_e - \lg c_e$ 作图。

可见直线关系成立，得线性方程：

$$\lg Q_e = 0.237\lg c_e - 0.450 \qquad (2-4-7)$$

线性相关系数 $R^2 = 0.596$，$n = 4.21$ mmol/L，$k = 0.355$ mmol/g。

催化剂吸附 MB，与 Freundlich 方程拟合线性关系较差(相关系数 $R^2 = 0.596$)，而与 Langmuir 方程拟合程度较好(相关系数 $R^2 = 1$)，且用该模型计算平衡吸附量 $Q_e = 0.172$ mmol/g 与实测值 0.17 mmol/g 较吻合。从而可以判断催化剂对 MB 吸附服从于 Langmuir 等温吸附的理论模型。

4.3.2　MB 的降解试验

4.3.2.1　MB 降解过程

图 2 – 4 – 4 为 Fe_3O_4 – MWCNTs 催化剂催化 H_2O_2 降解 MB 过程中 UV – Vis 光谱变化图。亚甲基蓝的紫外可见吸收光谱分别在 246 nm、292 nm、610 nm、665 nm 处有三个特征吸收峰。可以看出，随着反应的进行，亚甲基蓝在 246 nm、292 nm、610 nm、665 nm 处的特征吸收峰强度逐渐减弱，当反应 30 min 后所有的特征峰都很弱，在反应过程中可见区并没有出现新的吸收峰，说明在 Fe_3O_4 – MWCNTs 反应下亚甲基蓝被有效地降解。

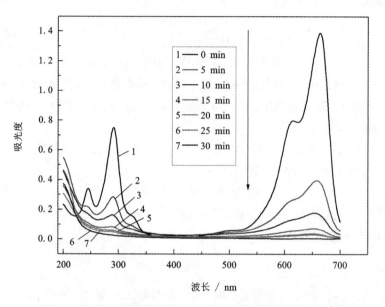

图 2 - 4 - 4   Fe₃O₄ - MWCNTs 降解亚甲基蓝的 UV - Vis 图

4.3.2.2   pH 对 MB 降解的影响

图 2 - 4 - 5 为催化剂投加量为 500 mg/L, H_2O_2 浓度为 10 mmol/L, 反应时间

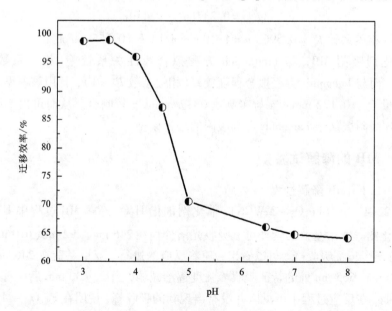

图 2 - 4 - 5   MB 去除效率随不同 pH 变化关系

为 30 min 条件下,降解 0.2 mmol/L MB 溶液的去除效率随溶液的 pH 的变化关系图。从图中明显看到 pH 对 MB 溶液的去除效率有一定的影响,在 pH = 3.5 时,催化剂有最佳去除率 99.13%。随着溶液 pH(大于 3.5)的增加,MB 溶液的去除效率逐渐降低,但都维持在较高的水平。例如当 MB 溶液的 pH 为 3.0 时,MB 去除效率为 98.9%;当 MB 溶液的 pH 为 4.5 时,MB 去除效率仍有 87.2%;即使 pH 在 8.0 时,MB 去除效率仍有 64.2%,说明催化剂有比较广的 pH 使用范围。

4.3.2.3 H$_2$O$_2$ 的浓度对 MB 降解的影响

图 2 - 4 - 6 给出了 MB 溶液的去除效率随 H$_2$O$_2$ 浓度变化的曲线。从图中可以看出 H$_2$O$_2$ 的浓度从 8 mmol/L 增加到 10 mmol/L 时,MB 去除效率从 95.02% 增加到 99.13%,表明 MB 去除效率随着 H$_2$O$_2$ 浓度增大而增大;当 H$_2$O$_2$ 的浓度超过 10 mmol/L 时,MB 降解能力反而下降,但都维持在高的降解率水平(H$_2$O$_2$ 浓度为 16 mmol/L 时,去除率为 93.0%)。在本实验条件下,最佳 H$_2$O$_2$ 的浓度为 10 mmol/L。这可能是因为低浓度时·OH 自由基经反应的产生量随 H$_2$O$_2$ 浓度而增加。

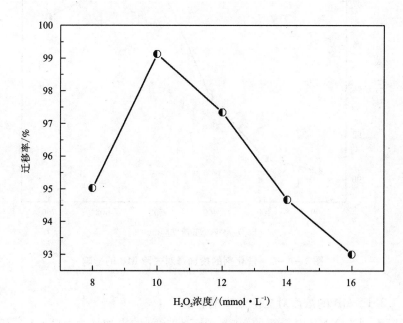

图 2 - 4 - 6 H$_2$O$_2$ 的量对 MB 降解的影响

$$H_2O_2 + \cdot OH \longrightarrow HO_2 \cdot + H_2O \qquad (2-4-8)$$

当 H$_2$O$_2$ 的浓度高于临界值时,由于产生·OH 能被过量 H$_2$O$_2$ 捕获,这样反而减少·OH 自由基的数目。捕获·OH 反应式如下:

$$HO_2 \cdot + \cdot OH \longrightarrow H_2O + O_2 \qquad (2-4-9)$$
$$2 \cdot OH \longrightarrow H_2O_2 \qquad (2-4-10)$$

4.3.3 Fe$_3$O$_4$ – MWCNTs 的投加量对催化剂降解的影响

图 2 – 4 – 7 显示的是 MB 的去除效率随不同催化剂用量的变化关系。可以看出，催化剂投加量为 200 mg/L 时，MB 的去除效率为 90.3%；催化剂用量为 400 mg/L 时，MB 去除效率上升到 93.7%；催化剂投加量为 500 mg/L 时，MB 去除效率上升到 99.13%。表明 MB 的去除效率随着催化剂投加量增加而提高。但再增加催化剂的投加量（大于 500 mg/L），MB 去除速率变化不大甚至有所下降，如催化剂投加量为 600 mg/L 时，MB 的去除效率为 98.5%，低于催化剂投加量为 500 mg/L 时的去除率。本实验最佳催化剂的最佳投加量为 500 mg/L。

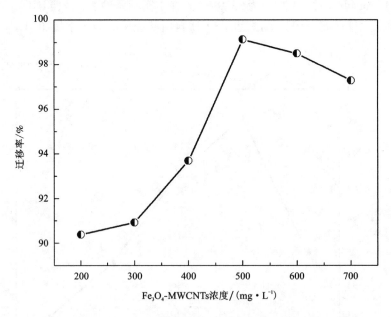

图 2 – 4 – 7 催化剂的投加量对去除 MB 的影响

4.3.3.1 MB 的浓度对去除效率的影响

考察不同浓度 MB 对降解的影响，固定催化剂的投加量为 500 mg/L 和 H$_2$O$_2$ 的浓度为 10 mmol/L，降解不同浓度的 MB 溶液，结果如图 2 – 4 – 8 所示。

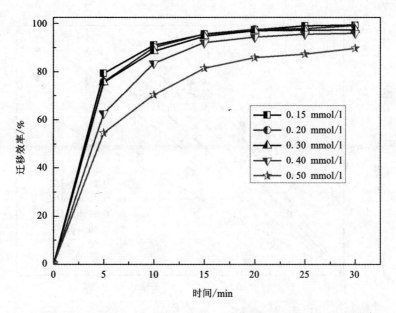

图 2 - 4 - 8　初始浓度对 Fe$_3$O$_4$ - MWCNTs 降解 MB 的去除效率的影响

可见，催化剂对于 MB 染料的浓度在 0.15 mmol/L 到 0.5 mmol/L 范围内，都有很高的去除效率。随着降解时间的增加，MB 的降解率也不断增加。当 MB 浓度从 0.15 mmol/L 增加为 0.5 mmol/L 时，MB 在 5 min 时的去除效率从 79.0% 下降为 54.4%，表明 MB 去除效率随着 MB 染料浓度的升高而下降。这可能是因为，在催化剂投加量及 H$_2$O$_2$ 浓度一定的情况下，可近似认为水溶液中产生的羟基自由基的量是一定的，所以随着反应物总量的增加，用于进攻发色基团的·OH自由基的量不足以完全打断 MB 染料的发色基团；另一方面，由于染料的脱色反应主要发生在催化剂表面区域，随着染料浓度升高，MB 占住催化剂表面的活性位增加，不利于催化剂催化活化 H$_2$O$_2$，从而使得体系中羟基自由基的产率降低，导致 MB 去除效率降低。

由本篇第 3 章所述，降解 MB 遵循 Langmuir - Hinshelwood 动力学方程，对不同浓度的 MB 降解过程进行一级动力学拟合，结果如图 2 - 4 - 9 所示；表 2 - 4 - 1则给出了速效率常数及其相关系数，表明该反应遵循一级动力学方程。

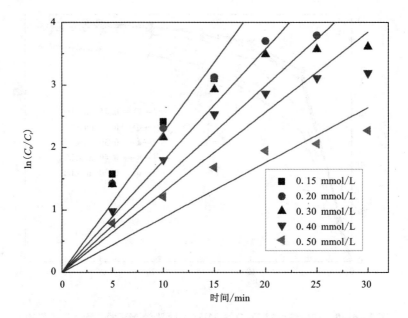

图 2-4-9 ln(c₀/cₜ) 与反应时间 t 的关系

表 2-4-1 染料初始浓度对 MB 降解准一级动力学影响

MB/(mmol·L⁻¹)	0.15	0.20	0.30	0.40	0.50
kobs/(min⁻¹)	0.224	0.179	0.149	0.128	0.088
R^2	0.982	0.966	0.946	0.960	0.963

对于降解相同浓度的 AO Ⅱ 与 MB, MB 的反应速率常数比 AO Ⅱ 要大。说明降解阴离子型染料 MB 速率比阳离子型染料更快。

4.3.3.2　温度对去除效率的影响

为了研究反应温度对 MB 溶液降解率的影响, 固定催剂的投加量为 500 mg/L, H₂O₂ 的浓度为 10 mmol/L, MB 浓度为 0.2 mmol/L, 选择了 313 K 以下的温度条件来研究催化剂催化反应的热力学, 结果如图 2-4-10 所示。

由图 2-4-10 可见, 随着反应温度的增加, Fe₃O₄-MWCNTs 降解 MB 的去除效率也不断地增加。例如在 5 min MB 的去除效率, 293 K 条件下的去除率是 72.0%, 而 308 K 条件下的去除率增加到了 91.05%, 温度对 Fe₃O₄-MWCNTs 催化剂降解 MB 的去除效率的影响非常明显。这可能因为在一定的温度范围内(温

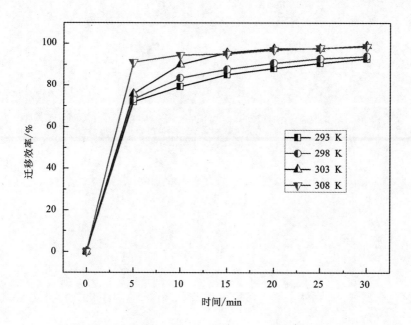

图 2 – 4 – 10　不同温度对 Fe$_3$O$_4$ – MWCNTs 降解 MB 的去除效率的影响

度不宜过高，过高的温度会引起 H$_2$O$_2$ 的分解），一方面由于过氧化氢在较高温度下分解加快，另一方面温度升高能够降低反应物所需要的活化能。

4.4　本章小结

本研究以 Fe$_3$O$_4$ – MWCNTs 催化剂催化降解阳离子染料 MB，结果表明：

（1）Fe$_3$O$_4$ – MWCNTs 催化剂对 MB 染料具有很强的吸附能力，吸附服从于 Langmuir 等温吸附的理论模型，为单分子层吸附，平衡吸附量为 0.17 mmol/g。

（2）Fe$_3$O$_4$ – MWCNTs 催化剂对 0.2 mmol/L MB 染料降解的最佳条件为：pH = 3.5，催化剂投加量为 500 mg/L，H$_2$O$_2$ 浓度为 10 mmol/L。

（3）Fe$_3$O$_4$ – MWCNTs 对 MB 具有很强的降解能力（0.2 mmol/L MB 染料，反应 30 min，MB 去除率 99.13%），速率常数 $k = 0.179$ min^{-1}，而 AO Ⅱ 在最佳条件下，速率常数 $k = 0.122$ min^{-1}。说明 Fe$_3$O$_4$ – MWCNTs 降解阳离子染料比降解阴离子染料具有更高的催化活性。

第 3 篇

Cu₂O/CNTs 的制备及超声协同催化降解有机物性能

第1章 材料与方法

1.1 实验试剂与实验仪器

实验所用试剂及规格如表3-1-1所示。

表3-1-1 实验所用试剂及规格

序号	名称	规格	生产厂家
1	硫酸铜	分析纯	天津市大茂化学试剂厂
2	明胶	1×25	郑州富泰程化工产品有限公司
3	过氧化氢30%	分析纯	天津市大茂化学试剂厂
4	亚甲基蓝	分析纯	上海化学试剂有限公司
5	浓硝酸	分析纯	北京化工厂
6	盐酸	分析纯	成都金山化学试剂有限公司
7	氢氧化钠	分析纯	成都金山化学试剂有限公司
8	碳纳米管	SWNT	中国科学院成都有机所
9	去离子水	—	实验室自制

实验所用仪器及设备如表 3 - 1 - 2 所示。

表 3 - 1 - 2 实验所用仪器及设备

序号	仪器名称	型号	生产厂家
1	紫外可见光分光光度计	UV - 2102PCS	上海精密仪器仪表有限公司
2	新型电热恒温鼓风干燥箱	DHG - 9040A	宁波江南仪器厂
3	恒温磁力搅拌器	X85 - 2	上海梅颖浦仪器仪表制造有限公司
4	超声波清洗器	GDS - 1036	徐州永泰超声科技有限公司
5	电子天平	JA2603B	上海精科天美科学仪器有限公司
6	电子恒温水浴锅	DZKW - 4	北京中兴伟业仪器有限公司
7	高速台式离心机	TGL - 16C	上海安亭科学仪器厂
8	容量瓶	1000 mL	——
9	烧杯	50 mL、1000 mL	——
10	移液管	5 mL、10 mL	
11	漏斗		

1.2 碳纳米管的氧化处理

将 2 g 碳纳米管称入 200 mL 浓硝酸中,并在 40℃下搅拌 2 h。从水浴锅中取出来,用去离子水冲洗至中性,然后冷却至室温后进行过滤。在烘箱中干燥(105℃),干燥 12 h,然后取出以备后用。

1.3 Cu₂O/CNTs 的制备

在反应中使用去离子水作为溶剂,其中使用硫酸铜和亚硫酸钠作为第一反应物,明胶作为分散剂,碳纳米管作为载体。典型 Cu₂O/CNTs 的制备过程如下:

(1)配制 a 溶液。将硫酸铜(60 g)和明胶(25 g)溶解在 100 mL 已经在去离子水中称量好了的 1.5 g 的碳纳米管中。接着将混合溶液置于水浴锅中升温到 105℃。

（2）配制 b 溶液。将水浴锅调至 90℃后，将早已经溶解在 75 mL 水中的 $NaSO_3$（24 g）放入其中。

（3）接着将温度升到 105℃后，将 b 溶液迅速倒入 a 溶液中，搅拌 2 h。用 90℃的 1000 mL 的去离子水将反应物稀释，然后迅速过滤，然后再用 90℃的去离子水反复冲洗四次，使之呈紫红色，然后将紫红色样品在 50℃的真空烘箱中干燥 12 h，以获得 Cu_2O/CNTs 粉末。

1.4　实验方法

1.4.1　标准曲线的绘制

在 25℃的环境中，MB 溶液充满三分之二的比色杯，并且使用去离子水作为参考。将可见光分光光度计设置在 400 ~ 800 nm，扫描亚甲基蓝溶液的 UV – VIS 光谱，最后，亚甲基蓝的特征吸收峰值为 664 nm。

在室温下，亚甲基蓝溶液的浓度分别配置为 1 mg/L、10 mg/L、20 mg/L、50 mg/L、100 mg/L、200 mg/L、300 mg/L。然后，使用 722 型可见光吸收分光光度计，使用去离子水作为参考，三分之二的亚甲基蓝溶液填充 1 cm 比色杯。在 664 nm 处测其吸光度。每个样平行样品测量 3 次后，再取平均值，绘制标准曲线如图 3 – 1 – 1 所示，并通过画图得到线性回归方程：$A = 0.0034x - 0.0067$（$R^2 = 0.999$）。

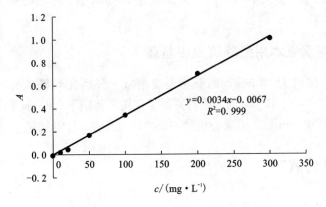

图 3 – 1 – 1　亚甲基蓝的标准曲线

1.4.2 有或没有超声波时降解亚甲基蓝

使用 50 mL 烧杯取浓度为 10 mg/L 的亚甲基蓝溶液。将已准备好的 0.2 g 的氧化亚铜碳纳米复合物以及 10 mL H_2O_2 溶液加入亚甲基蓝溶液中混合后，观察在有超声和无超声环境、25℃的温度下，亚甲基蓝的降解率随着时间变化之间的关系。

1.4.3 不同 pH 溶液下降解亚甲基蓝

在温度为 25℃ 的条件下，使用 50 mL 烧杯取 10 mg/L 的亚甲基蓝溶液。然后将已称量好的 0.2 g 的氧化亚铜碳纳米催化剂加入其中，加入 10 mL 过氧化氢并分别在调节 pH 到 2、3、5、7、9 和 11 之后进行超声降解反应。

1.4.4 不同温度下降解亚甲基蓝

取 30 mL 浓度为 10 mg/L 的亚甲基蓝溶液。将 0.2 g 已称重的氧化亚铜碳纳米催化剂加入到亚甲基蓝溶液中。在 20℃、25℃、30℃、35℃、40℃ 的温度进行超声降解反应，将 pH 调至 3，加入 10 mL H_2O_2，30 min 后，用离心机分离并测量吸光度。

1.4.5 不同氧化亚铜碳纳米催化剂投加量下降解亚甲基蓝

取 30 mL 浓度为 10 mg/L 的亚甲基蓝溶液。在氧化亚铜碳纳米催化剂的投加量分别为 0.1 g、0.2 g、0.3 g、0.4 g、0.5 g 时，进行超声降解反应，将 pH 调至 3，温度调为 25℃，加入 10 mL 的 H_2O_2，反应 30 min 后，用离心机分离，测其吸光度，计算结果。

1.4.6 不同双氧水用量降解亚甲基蓝

取 30 mL 浓度为 10 mg/L 的亚甲基蓝溶液。分别在双氧水的用量为 4 mL、6 mL、8 mL、10 mL、12 mL 时，进行降解，在超声环境下，将 pH 调至 3，温度调为 25℃，反应 30 min 后，用离心机分离，测其吸光度，计算结果。

1.5 计算公式

$$去除率 = \frac{c_0 - c_t}{c_0} \times 100\%$$

式中：c_0 为溶液的初始浓度，mg/L；c_t 为 t 时刻溶液的浓度，mg/L。

第 2 章　结果与分析

2.1　有无超声环境下对亚甲基蓝的降解效率的影响

图 3 - 2 - 1 显示了存在或不存在超声波时亚甲基蓝的降解效率。从图 3 - 2 - 1 中可以清楚地看出，超声波环境下亚甲基蓝的降解效率远远高于不存在超声波环境下亚甲基蓝的降解效率。但它们都有一些共同的特点：在一定范围内，反应时间越长，亚甲基蓝的降解效率越高。在超声环境下，反应 30 min 时，亚甲基蓝的降解效率较高。总体而言，在无超声的环境下，亚甲基蓝的降解效率相对来说是偏低的，不超过 50%。然而，在有超声存在的环境下，亚甲基蓝的降解效率通常比不存在超声环境下的降解效率高，在超声环境下，反应 30 min 时，亚甲基蓝降解率达到 80%。

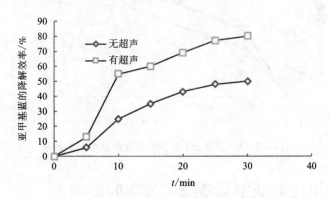

图 3 - 2 - 1　有/无超声环境下的降解效率

2.2 溶液 pH 对亚甲基蓝降解效率的影响

图 3-2-2 显示了 pH 对氧化亚铜碳纳米复合材料和超声波亚甲基蓝协同催化降解速率的影响。从图 3-2-2 可以看出，在一定范围内，溶液的 pH 越低，亚甲基蓝的降解效率越高；因此，亚甲基蓝在碱性条件下的降解效率很低，在酸性条件下的降解速率很高。但当 pH 过低时，降解率也不是很高。在 pH＝3 时，亚甲基蓝的降解率最高。亚甲基蓝在酸性条件下的降解效率较高，说明亚甲基蓝醌型结构比偶氮结构更易氧化降解。有机物的存在形态会受到 pH 的影响，这是受有机物本身的酸碱离解常数的影响。当溶液的 pH 低时，亚甲基蓝分子通过分子扩散进入膜中，然后以挥发的方式进入气相，并且在超声的环境下，会发生热分解反应以及·OH 反应。同时，亚甲基蓝分子通过扩散进入空化气泡的气液界面区，结果发生羟基自由基氧化反应，并且一些亚甲基蓝分子甚至可以通过蒸发进入空化气泡。然后直接热解以提高亚甲基蓝的降解速率。由于亚甲基蓝一般以碱性的状态存在，所以其溶液的 pH 很高，从而亚甲基蓝的电离度也变得很大。一般来说，离子亚甲基蓝不能进入气相区域，只能在膜区域发生反应。在超声协同降解过程中，自由基只能通过扩散与亚甲基蓝分子反应，不能通过蒸发进入气泡。

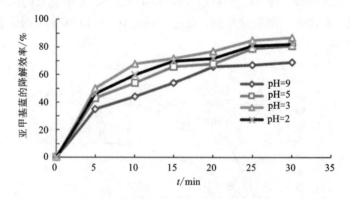

图 3-2-2 溶液 pH 对亚甲基蓝降解效率的影响

2.3 溶液温度对亚甲基蓝降解效率的影响

图 3-2-3 为温度对氧化亚铜碳纳米复合物及超声协同催化降解亚甲基蓝速率的影响。从图 3-2-3 可以看出：当温度为 20℃，时间为 5 min 时，亚甲基蓝的降解率为 65%；当温度为 35℃时，亚甲基蓝的降解率约为 72%。这意味着在一定温度范围内，温度越高，对亚甲基蓝的去除效果越好。这是因为温度升高会加

速羟基自由基的形成，提高氧化效率，并有助于亚甲基蓝的去除。高温还会加速 H_2O_2 分解成 O_2，所以在这种条件下，不会有利于产生羟基自由基。

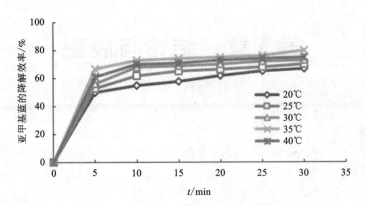

图 3 - 2 - 3 溶液温度对亚甲基蓝降解效率的影响

2.4 氧化亚铜碳纳米催化剂的用量对亚甲基蓝降解效率的影响

图 3 - 2 - 4 显示了催化剂用量对氧化亚铜碳纳米复合材料和超声波对亚甲基蓝的催化降解速率的影响。从图 3 - 2 - 4 可以清楚地看出，在实验范围内，亚甲基蓝的降解率随着超声时间和催化剂含量的增加而增加。当温度为 20℃ 时，反应 30 min 后，亚甲基蓝的降解率达到 50%。亚甲基蓝的反应速率与所用催化剂的量有关：当催化剂量少，反应速率较慢，这是因为超声波能量不能被亚甲基蓝充分利用；当催化剂量大时，由于可以充分利用超声波能量，所以反应速度更快。

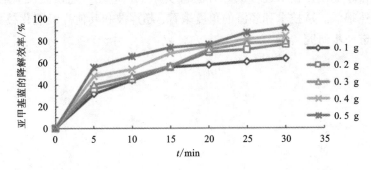

图 3 - 2 - 4 催化剂的用量对亚甲基蓝降解效率的影响

第3章　结论与展望

3.1　结论

通过试验和研究，结论如下：

（1）超声波长度与亚甲基蓝降解效率的关系：亚甲基蓝的降解效率随着超声时间的增加而增加，所以，在反应过程中，应尽量延长超声时间。

（2）pH 与亚甲基蓝降解效率的关系：在一定范围内，溶液的 pH 越低，亚甲基蓝的降解效率越高，因此，亚甲基蓝在酸性条件下的降解速率很大。

（3）溶液的温度与亚甲基蓝降解效率的关系：在一定的范围内，溶液的温度越高，亚甲基蓝的降解效率越高。

（4）氧化亚铜碳纳米催化剂的量与亚甲基蓝降解的关系：在实验范围内，亚甲基蓝的降解效率随着氧化亚铜碳纳米催化剂投加量的增加而增加。

3.2　展望

目前，超声空化在水处理领域的应用仍处于实验室研究阶段，需要进行大量的研究工作才能使该技术逐步成熟并获得实际工程应用。超声波反应器中·OH的产率仍然很低。从技术和经济的角度来看，超声波和其他高级氧化技术的最佳结合需要进一步研究。

参考文献

[1] Denysenko I B, Ostrikov K, Xu S, et al. Nanopowder management and control of plasma parameters in electronegative SiH_4 plasmas[J]. Appl Phys, 2003, 94(9): 6097 – 6107.

[2] Tondra M, Popple A, Jander A, et al. Microfabricated tools for manipulation and analysis of magnetic microcarriers[J]. J Magn Magn Mater, 2005, 293(1): 725 – 730.

[3] Hong R Y, Pan T T, Han Y P, et al. Magnetic field synthesis of Fe_3O_4 nanoparticles used as a precursor of ferrofluids[J]. Magn Magn Mater, 2007, 310(1): 37 – 47.

[4] Hong R Y, Pan T T, Li H Z. Microwave synthesis of magnetic Fe_3O_4 nanoparticles used as a precursor of nanocomposites and ferrofluids[J]. Magn Magn Mater, 2006, 303(1): 60 – 68.

[5] Yi D K, Lee S S, Ying J Y. Synthesis and applications of magnetic nanocomposite catalysts [J]. Chem Mater, 2006, 18(10): 2459 – 2461.

[6] Nigam S, Barick K C, Bahadur D. Development of citrate – stabilized Fe_3O_4 nanoparticles: Conjugation and release of doxorubicin for therapeutic applications[J]. Magn Magn Mater. 2011, 323(2): 237 – 43.

[7] Panella B, Vargas A, Baiker A. Magnetically separable Pt catalyst for asymmetric hydrogenation[J]. 2009, 261(1): 88 – 93.

[8] Hong R Y, Feng B, Chen L L, et al. Synthesis, characterization and MRI application of dextran – coated Fe_3O_4 magnetic nanoparticles[J]. BiochemEng, 2008, 42(3): 290 – 300.

[9] Li Z, Wei L, Gao M Y, et al. One – pot reaction to synthesize biocompatible magnetite nanoparticles[J]. Adv Mater, 2005, 17(8): 1001 – 5.

[10] Chaubey G S, Barcena C, Poudyal N, et al. Synthesis and stabilization of FeCo nanoparticles [J]. 2007, 129(23): 7214 – 5.

[11] Sun S H, Murray C B, Weller D, et al. Monodisperse FePt nanoparticles and ferromagnetic FePt nanocrystal superlattices[J]. Science, 2000, 287(5460): 1989 – 92.

[12] Ajayan P M, Iijima S. Smallest carbon nanotube[J]. Nature, 1992, 358(6381): 23 – 23.

[13] Albuquerque A S, Ardisson J D, Macedo W A A, et al. Nanosized powders of NiZn ferrite: Synthesis, structure, and magnetism[J]. J Appl Phys, 2000, 87(9): 4352 – 7.

[14] Rath C, Anand S, Das R P, et al. Dependence on cation distribution of particle size, lattice parameter, and magnetic properties in nanosize Mn – Zn ferrite[J]. J Appl Phys, 2002, 91 (4): 2211 – 5.

[15] Jeyadevan B, Tohji K, Nakatsuka K, et al. Irregular distribution of metal ions in ferrites prepared by co – precipitation technique structure analysis of Mn – Zn ferrite using extended X – ray absorption fine structure[J]. J MagnMagn Mater, 2000, 217(1 –3): 99 –105.

[16] Hyeon T. Chemical synthesis of magnetic nanoparticles[J]. Chem Commun, 2003(8): 927 – 34.

[17] Rockenberger J, Scher E C, Alivisatos A P. A new nonhydrolytic single – precursor approach to surfactant – capped nanocrystals of transition metal oxides[J]. J Am Chem Soc, 1999, 121 (49): 11595 –6.

[18] Li W Z, Liang C H, Zhou W J, et al. Homogeneous and controllable Pt particles deposited on multi – wall carbon nanotubes as cathode catalyst for direct methanol fuel cells[J]. Carbon, 2004, 42(2): 436 –9.

[19] Sun S H, Zeng H, Robinson D B, et al. Monodisperse MFe_2O_4 (M = Fe, Co, Mn) nanoparticles[J]. J Am Chem Soc, 2004, 126(1): 273 –9.

[20] Guo Q J, Teng X W, Rahman S, et al. Patterned Langmuir – Blodgett films of mondisperse nanoparticles of iron oxide using soft lithography[J]. J Am Chem Soc, 2003, 125(3): 630 – 1.

[21] Redl F X, Cho K S, Murray C B, et al. Three – dimensional binary superlattices of magnetic nanocrystals and semiconductor quantum dots[J]. Nature, 2003, 423(6943): 968 –71.

[22] Zeng H, Rice P M, Wang S X, et al. Shape – controlled synthesis and shape – induced texture of $MnFe_2O_4$ nanoparticles[J]. J Am Chem Soc, 2004, 126: 11458 –9.

[23] Weissleder R, Elizondo G, Wittenberg J, et al. Ultrasmall superparamagnetic iron – oxide – characterization of a new class of contrast agents for mr imaging[J]. Radiology, 1990, 175 (2): 489 –93.

[24] Wagner S, Schnorr J, Pilgrimm H, et al. Monomer – coated very small superparamagnetic iron oxide particles as contrast medium for magnetic resonance imaging – Preclinical in vivo characterization[J]. Invest Radiol, 2002, 37(4): 167 –77.

[25] Taupitz M, Schmitz S, Hamm B. Superparamagnetic iron oxide particles: Current state and future development. Rofo – Fortschritte Auf Dem Gebiet Der Rontgenstrahlen Und Der Bildgebenden Verfahren. 2003, 175(6): 752 –65.

[26] Jordan A, Scholz R, Maier – Hauff K, et al. Presentation of a new magnetic field therapy system for the treatment of human solid tumors with magnetic fluid hyperthermia[J]. J Magn Magn Mater, 2001, 225(1 –2): 118 –26.

[27] Wang X M, Gu H C, Yang Z Q. The heating effect of magnetic fluids in an alternating magnetic field[J]. J Magn Magn Mater, 2005, 293(1): 334 –40.

[28] Zhang L Y, Gu H C, Wang X M. Magnetite ferrofluid with high specific absorption rate for application in hyperthermia[J]. J Magn Magn Mater, 2007, 311(1): 228 –33.

[29] Zhang Z C, Zhang L M, Chen L, et al. Synthesis of novel porous magnetic silica microspheres as adsorbents for isolation of genomic DNA[J]. Biotechnol Progr, 2006, 22(2): 514 –8.

[30] Bucak S, Jones D A, Laibinis P E, et al. Protein separations using colloidal magnetic nanoparticles[J]. Biotechnol Progr, 2003, 19(2): 477 –84.

[31] Molday R S, Mackenzie D. Immunospecific ferromagnetic iron – dextran reagents for the labeling and magnetic separation of cells[J]. J Immunol Methods, 1982, 52(3): 353 –67.

[32] Plank C. Nanomagnetosols: magnetism opens up new perspectives for targeted aerosol delivery for to the lung[J]. Trends Biotechnol, 2008, 26(2): 59 –63.

[33] Liu F, Cao P J, Zhang H R, et al. Novel nanopyramid arrays of magnetite[J]. Adv Mater, 2005, 17(15): 1893 –7.

[34] Devries G, Verwey E J, Roeland L W, et al. Spin – lattice heat transfer in pulsed magnetic fields[J]. J Appl Phys, 1968, 39(2P1): 830 –1.

[35] Si Y B, Fang G D, Zhou J, et al. Reductive transformation of 2, 4 – dichlorophenoxyacetic acid by nanoscale and microscale Fe_3O_4 particles. Journal of Environmental Science and Health Part B – Pesticides Food Contaminants and Agricultural Wastes. 2010, 45(3): 233 –41.

[36] Kong S H, Watts R J, Choi J H. Treatment of petroleum – contaminated soils using iron mineral catalyzed hydrogen peroxide[J]. Chemosphere, 1998, 37(8): 1473 –82.

[37] Chen H W, Kuo Y L, Chiou C S, et al. Mineralization of reactive Black 5 in aqueous solution by ozone/H_2O_2 in the presence of a magnetic catalyst[J]. J Hazard Mater, 2010, 174(1 –3): 795 –800.

[38] Wang N, Zhu L H, Wang M Q, et al. Sono – enhanced degradation of dye pollutants with the use of H_2O_2 activated by Fe_3O_4 magnetic nanoparticles as peroxidase mimetic[J]. Ultrason Sonochem, 2010, 17(1): 78 –83.

[39] Lin M S, Len H J. A Fe_3O_4 – based chemical sensor for cathodic determination of hydrogen peroxide[J]. Electroanal, 2005, 17(22): 2068 –73.

[40] Lizeng G, Jie Z, Leng N, et al. Intrinsic peroxidase – like activity of ferromagnetic nanoparticles[J]. Nature Nanotechnology, 2007: 577 –83.

[41] Zhang J B, Zhuang J, Gao L Z, et al. Decomposing phenol by the hidden talent of ferromagnetic nanoparticles[J]. Chemosphere, 2008, 73(9): 1524 –8.

[42] Wei H, Chen C G, Han B Y, et al. Enzyme colorimetric assay using unmodified silver nanoparticles[J]. Anal Chem, 2008, 80(18): 7051 –5.

[43] Dai Z H, Liu S H, Bao J C, et al. Nanostructured FeS as a Mimic Peroxidase for Biocatalysis and Biosensing[J]. Chemistry – a European Journal, 2009, 15(17): 4321 –6.

[44] Euliss L E, Grancharov S G, O'Brien S, et al. Cooperative assembly of magnetic nanoparticles and block copolypeptides in aqueous media[J]. Nano Letters, 2003, 3(11): 1489 –93.

[45] Liu X Q, Guan Y P, Ma Z Y, et al. Surface modification and characterization of magnetic polymer nanospheres prepared by miniemulsion polymerization[J]. Langmuir, 2004, 20(23): 10278 –82.

[46] Frankamp B L, Fischer N O, Hong R, et al. Surface modification using cubic silsesquioxane ligands. Facile synthesis of water – soluble metal oxide nanoparticles[J]. Chem Mater, 2006,

18(4): 956 - 9.

[47] Sahoo Y, Pizem H, Fried T, et al. Alkyl phosphonate/phosphate coating on magnetite nanoparticles: A comparison with fatty acids[J]. Langmuir, 2001, 17(25): 7907 - 11.

[48] Kim J K, Sham M L. Functionalization of carbon nanotube surface via UV/O -₃ treatment[J]. Nanoscience and Technology, Pts 1 and 2. 2007, 121 - 123: 1407 - 10.

[49] Kobayashi Y, Horie M, Konno M, et al. Preparation and properties of silica - coated cobalt nanoparticles[J]. J Phys Chem B, 2003, 107(30): 7420 - 5.

[50] Liu Q X, Xu Z H, Finch J A, et al. A novel two - step silica - coating process for engineering magnetic nanocomposites. Chem Mater. 1998, 10(12): 3936 - 40.

[51] Chen M, Xing Y C. Polymer - mediated synthesis of highly dispersed Pt nanoparticles on carbon black[J]. Langmuir, 2005, 21(20): 9334 - 8.

[52] Sobal N S, Hilgendorff M, Mohwald H, et al. Synthesis and structure of colloidal bimetallic nanocrystals: The non - alloying system Ag/Co[J]. Nano Letters, 2002, 2(6): 621 - 4.

[53] Lin J, Zhou W L, Kumbhar A, et al. Gold - coated iron (Fe@ Au) nanoparticles: Synthesis, characterization, and magnetic field - induced self - assembly[J]. J Solid State Chem, 2001, 159(1): 26 - 31.

[54] Iijima S. Helical microtubules of graphitic carbon[J]. Nature, 1991, 354(6348): 56 - 8.

[55] Chong K P. Nanoscience and engineering in mechanics and materials[J]. J Phys Chem Solids, 2004, 65(8 - 9): 1501 - 6.

[56] Tang J, Qin L C, Matsushita A, et al. Study of carbon nanotubes under high pressure[J]. Amorphous and Nanostructured Carbon, 2000, 593: 179 - 84.

[57] Ellison M D, Crotty M J, Koh D, et al. Adsorption of NH₃ and NO2 on single - walled carbon nanotubes[J]. J Phys Chem B, 2004, 108(23): 7938 - 43.

[58] Yim W L, Gong X G, Liu Z F. Chemisorption of NO₂ on carbon nanotubes[J]. J Phys Chem B, 2003, 107(35): 9363 - 9.

[59] Jijun Z, Buldum A, Jie H, et al. Gas molecule adsorption in carbon nanotubes and nanotube bundles[J]. Nanotechnology, 2002, 13(2): 195 - 200.

[60] Seo K, Park K A, Kim C, et al. Chirality - and diameter - dependent reactivity of NO₂ on carbon nanotube walls[J]. J Am Chem Soc, 2005, 127(45): 15724 - 9.

[61] Lin Y, Taylor S, Li HP, et al. Advances toward bioapplications of carbon nanotubes[J]. J Mater Chem, 2004, 14(4): 527 - 41.

[62] Ruther M G, Frehill F, O'Brien J E, et al. Characterization of covalent functionalized carbon nanotubes[J]. J Phys Chem B, 2004, 108(28): 9665 - 8.

[63] Saito R, Dresselhaus G, Dresselhaus M S. Magnetic energy - bands of carbon nanotubes[J]. Phys Rev B, 1994, 50(19): 14698 - 701.

[64] Mintmire J W, Dunlap B I, White C T. Are fullerene tubules metallic[J]. Phys Rev Lett, 1992, 68(5): 631 - 4.

[65] Hamada N, Sawada S, Oshiyama A. New one - dimensional conductors - graphitic

microtubules[J]. Phys Rev Lett, 1992, 68(10): 1579 – 81.

[66] Frank S, Poncharal P, Wang Z L, et al. Carbon nanotube quantum resistors[J]. Science, 1998, 280(5370): 1744 – 6.

[67] Odom T W, Huang J L, Kim P, et al. Atomic structure and electronic properties of single – walled carbon nanotubes[J]. Nature, 1998, 391(6662): 62 – 4.

[68] Zhang Z, Lieber C M. Nanotube structure and electronic – properties probed by scanning – tunneling – microscopy[J]. Appl Phys Lett, 1993, 62(22): 2792 – 4.

[69] Ichida M, Mizuno S, Kataura H, et al. Anisotropic optical properties of mechanically aligned single – walled carbon nanotubes in polymer[J]. Appl Phys A – mater, 2004, 78(8): 1117 – 20.

[70] Zhang Y, Gong T, Liu W J, et al. Strong visible light emission from well – aligned multiwalled carbon nanotube films under infrared laser irradiation[J]. Appl Phys Lett, 2005, 87(17).

[71] Zhou Z, Gao X P, Yan J, et al. A first – principles study of lithium absorption in boron – or nitrogen – doped single – walled carbon nanotubes[J]. Carbon, 2004, 42: 2677 – 82.

[72] 杨全红, 刘敏, 成会明, 等. 纳米碳管的孔结构、相关物性和应用[J]. 材料研究学报. 2001(04): 375 – 86.

[73] Lu C Y, Su F S. Adsorption of natural organic matter by carbon nanotubes[J]. Sep Purif Technol, 2007, 58: 113 – 21.

[74] Wang H J, Zhou A L, Peng F, et al. Mechanism study on adsorption of acidified multiwalled carbon nanotubes to Pb(Ⅱ)[J]. J Colloid Interf Sci, 2007, 316: 277 – 83.

[75] Hilding J, Grulke E A, Sinnott SB, et al. Sorption of butane on carbon multiwall nanotubes at room temperature[J]. Langmuir, 2001, 17(24): 7540 – 4.

[76] Ulbricht H, Kriebel J, Moos G, et al. Desorption kinetics and interaction of Xe with single – wall carbon nanotube bundles[J]. Chem Phys Lett, 2002, 363(3 – 4): 252 – 60.

[77] Planeix JM, Coustel N, Coq B, et al. Application of carbon nanotubes as supports in heterogeneous catalysis[J]. J Am Chem Soc, 1994, 116(17): 7935 – 6.

[78] Lordi V, Yao N, Wei J. Method for supporting platinum on single – walled carbon nanotubes for a selective hydrogenation catalyst[J]. Chem Mater, 2001, 13(3): 733 – 7.

[79] Nhut J M, Vieira R, Pesant L, et al. Synthesis and catalytic uses of carbon and silicon carbide nanostructures[J]. Catal Today, 2002, 76(1): 11 – 32.

[80] Wang M W, Li F Y, Zhang R B. Study on catalytic hydrogenation properties and thermal stability of amorphous NiB alloy supported on carbon nanotubes[J]. Catal Today, 2004, 93 – 5: 603 – 6.

[81] Steigerwalt E S, Deluga G A, Cliffel D E, et al. A Pt – Ru/graphitic carbon nanofiber nanocomposite exhibiting high relative performance as a direct – methanol fuel cell anode catalyst[J]. J Phys Chem B, 2001, 105(34): 8097 – 101.

[82] Che G L, Lakshmi B B, Martin C R, et al. Metal – nanocluster – filled carbon nanotubes: Catalytic properties and possible applications in electrochemical energy storage and production

[J]. Langmuir, 1999, 15(3): 750 - 8.

[83] Yang J L, Liu H J, Chan C T. Theoretical study of alkali - atom insertion into small - radius carbon nanotubes to form single - atom chains[J]. Phys Rev B, 2001, 64(8).

[84] Gao H J, Kong Y, Cui D X, et al. Spontaneous insertion of DNA oligonucleotides into carbon nanotubes[J]. Nano Letters, 2003, 3(4): 471 - 3.

[85] Yu R Q, Chen L W, Liu Q P, et al. Platinum deposition on carbon nanotubes via chemical modification[J]. Chem Mater, 1998, 10(3): 718 - 22.

[86] Xue B, Chen P, Hong Q, et al. Growth of Pd, Pt, Ag and Au nanoparticles on carbon nanotubes[J]. J Mater Chem, 2001, 11(9): 2378 - 81.

[87] 杜秉忱, 刘长鹏, 韩飞, 等. 碳纳米管纯化对 Pt/CNTs 催化甲醇电化学氧化活性的影响. 高等学校化学学报. 2004(10): 1924 - 7.

[88] Xing Y C. Synthesis and electrochemical characterization of uniformly - dispersed high loading Pt nanoparticles on sonochemically - treated carbon nanotubes[J]. J Phys Chem B, 2004, 108 (50): 19255 - 9.

[89] Tasis D, Tagmatarchis N, Georgakilas V, et al. Soluble carbon nanotubes[J]. Chemistry - a European Journal, 2003, 9(17): 4001 - 8.

[90] Peng F, Zhang L, Wang H J, et al. Sulfonated carbon nanotubes as a strong protonic acid catalyst[J]. Carbon, 2005, 43(11): 2405 - 8.

[91] Konya Z, Vesselenyi I, Niesz K, et al. Large scale production of short functionalized carbon nanotubes[J]. Chem Phys Lett, 2002, 360(5 - 6): 429 - 35.

[92] Chen J, Dyer M J, Yu M F. Cyclodextrin - mediated soft cutting of single - walled carbon nanotubes[J]. J Am Chem Soc, 2001, 123(25): 6201 - 2.

[93] Koshio A, Yudasaka M, Iijima S. Thermal degradation of ragged single - wall carbon nanotubes produced by polymer - assisted ultrasonication[J]. Chem Phys Lett, 2001, 341(5 - 6): 461 - 6.

[94] Liu J, Rinzler A G, Dai H J, et al. Fullerene pipes[J]. Science, 1998, 280(5367): 1253 - 6.

[95] 万淼, 黄新堂. 低速球磨对多壁碳纳米管球磨特性的影响研究[J]. 炭素技术. 2005(3): 20 - 3.

[96] 徐吉勇, 范旭, 孙唯. 机械球磨对碳纳米管电化学性能的影响[J]. 广东化工. 2008(9): 14 - 7.

[97] 庞秋, 谷万里, 冯柳, 等. 机械球磨法制备 CNTs/Al 复合粉末的工艺过程研究[J]. 热加工工艺, 2009(4): 46 - 8.

[98] Chen S M, Shen W M, Wu G Z, et al. A new approach to the functionalization of single - walled carbon nanotubes with both alkyl and carboxyl groups[J]. Chem Phys Lett, 2005, 402 (4 - 6): 312 - 7.

[99] 唐国强, 梁旦, 韩菲菲, 等. 多壁碳纳米管掺溴及表面高分子修饰的研究[J]. 华东师范大学学报(自然科学版), 2008(5): 84 - 9.

［100］王国建, 董玥, 刘琳, 等. 超支化聚对氯甲基苯乙烯修饰碳纳米管表面的研究［J］. 高等学校化学学报, 2007(1): 164-8.

［101］Qin S H, Oin D Q, Ford W T, et al. Polymer brushes on single-walled carbon nanotubes by atom transfer radical polymerization of n-butyl methacrylate［J］. J Am Chem Soc, 2004, 126 (1): 170-6.

［102］Qin S H, Qin D Q, Ford W T, et al. Functionalization of single-walled carbon nanotubes with polystyrene via grafting to and grafting from methods［J］. Macromolecules, 2004, 37(3): 752 -7.

［103］Yao Z L, Braidy N, Botton G A, et al. Polymerization from the surface of single-walled carbon nanotubes-Preparation and characterization of nanocomposites［J］. J Am Chem Soc, 2003, 125(51): 16015-24.

［104］Liu Y Q, Adronov A. Preparation and utilization of catalyst-functionalized single-walled carbon nanotubes for ring-opening metathesis polymerization［J］. Macromolecules, 2004, 37 (13): 4755-60.

［105］Islam M F, Rojas E, Bergey D M, et al. High weight fraction surfactant solubilization of single-wall carbon nanotubes in water［J］. Nano Letters, 2003, 3(2): 269-73.

［106］O'Connell M J, Boul P, Ericson L M, et al. Reversible water-solubilization of single-walled carbon nanotubes by polymer wrapping［J］. Chem Phys Lett, 2001, 342(3-4): 265-71.

［107］Gomez F J, Chen R J, Wang D W, et al. Ring opening metathesis polymerization on non-covalently functionalized single-walled carbon nanotubes［J］. Chem Commun, 2003(2): 190-1.

［108］Chen W, Pan X L, Bao X H. Tuning of redox properties of iron and iron oxides via encapsulation within carbon nanotubes［J］. J Am Chem Soc, 2007, 129(23): 7421-6.

［109］Huang H J, Kajiura H, Yamada A, et al. Purification and alignment of arc-synthesis single-walled carbon nanotube bundles［J］. Chem Phys Lett, 2002, 356(5-6): 567-72.

［110］Cheng X K, Kan A T, Tomson MB. Naphthalene adsorption and desorption from Aqueous C-60 fullerene［J］. J Chem Eng Data, 2004, 49(3): 675-83.

［111］Lecoanet H F, Wiesner M R. Velocity effects on fullerene and oxide nanoparticle deposition in porous media［J］. Environ Sci Technol, 2004, 38(16): 4377-82.

［112］Otvos Z, Onyestyak G, Hancz A, et al. Surface oxygen complexes as governors of neopentane sorption in multiwalled carbon nanotubes［J］. Carbon, 2006, 44(9): 1665-72.

［113］Savva P G, Polychronopoulou K, Ryzkov V A, et al. Low-temperature catalytic decomposition of ethylene into H-2 and secondary carbon nanotubes over Ni/CNTs［J］. Appl Catal B-environ, 1993(3-4): 314-24.

［114］Lee P L, Chiu Y K, Sun Y C, et al. Synthesis of a hybrid material consisting of magnetic iron-oxide nanoparticles and carbon nanotubes as a gas adsorbent［J］. Carbon, 2010, 48(5): 1397-404.

［115］Datsyuk V, Kalyva M, Papagelis K, et al. Chemical oxidation of multiwalled carbon nanotubes

[J]. Carbon, 2008, 46(6): 833-40.

[116] Hsin Y L, Lai J Y, Hwang K C, et al. Rapid surface functionalization of iron - filled multi - walled carbon nanotubes[J]. Carbon, 2006, 44(15): 3328-35.

[117] Kim S D, Kim J W, Im J S, et al. A comparative study on properties of multi - walled carbon nanotubes (MWCNTs) modified with acids and oxyfluorination[J]. J Fluorine Chem, 2007, 128(1): 60-4.

[118] Liu Y Q, Gao L. A study of the electrical properties of carbon nanotube - NiFe$_2$O$_4$ composites: Effect of the surface treatment of the carbon nanotubes[J]. Carbon, 2005, 43(1): 47-52.

[119] Jang J, Bae J, Yoon S H. A study on the effect of surface treatment of carbon nanotubes for liquid crystalline epoxide - carbon nanotube composites[J]. J Mater Chem, 2003, 13(4): 676 -81.

[120] Zhang J, Zou H L, Qing Q, et al. Effect of chemical oxidation on the structure of single - walled carbon nanotubes[J]. J Phys Chem B, 2003, 107(16): 3712-8.

[121] Pinault M, Mayne - L, Hermite M, et al. Growth of multiwalled carbon nanotubes during the initial stages of aerosol - assisted CCVD[J]. Carbon, 2005, 43: 2968-76.

[122] Kovtyukhova N I, Mallouk T E, Pan L, et al. Individual single - walled nanotubes and hydrogels made by oxidative exfoliation of carbon nanotube ropes[J]. J Am Chem Soc, 2003, 125(32): 9761-9.

[123] Li J, Tang S B, Lu L, et al. Preparation of nanocomposites of metals, metal oxides, and carbon nanotubes via self - assembly[J]. J Am Chem Soc, 2007, 129(30): 9401-9.

[124] Lu A H, Salabas E L, Schuth F. Magnetic nanoparticles: Synthesis, protection, functionalization, and application[J]. Angew Chem Int Edit, 2007, 46(8): 1222-44.

[125] Kim M, Chen Y F, Liu Y C, et al. Super - stable, high - quality Fe$_3$O$_4$ dendron - nanocrystals dispersible in both organic and aqueous solutions[J]. Adv Mater, 2005, 17(11): 1429-32.

[126] Lu A H, Li W C, Matoussevitch N, et al. Highly stable carbon - protected cobalt nanoparticles and graphite shells[J]. Chem Commun, 2005(1): 98-100.

[127] Wildoer J W G, Venema L C, Rinzler A G, et al. Electronic structure of atomically resolved carbon nanotubes[J]. Nature, 1998, 391(6662): 59-62.

[128] Treacy M M J, Ebbesen T W, Gibson J M. Exceptionally high Young's modulus observed for individual carbon nanotubes[J]. Nature, 1996, 381(6584): 678-80.

[129] O'Connell M J, Bachilo S M, Huffman C B, et al. Band gap fluorescence from individual single - walled carbon nanotubes[J]. Science, 2002, 297(5581): 593-6.

[130] Tsang S C, Chen Y K, Harris P J F, et al. A SIMPLE CHEMICAL METHOD OF OPENING AND FILLING CARBON NANOTUBES[J]. Nature, 1994, 372(6502): 159-62.

[131] Langley L A, Fairbrother D H. Effect of wet chemical treatments on the distribution of surface oxides on carbonaceous materials[J]. Carbon, 2007, 45(1): 47-54.

[132] Sun S H, Zeng H. Size - controlled synthesis of magnetite nanoparticies[J]. J Am Chem Soc,

2002, 124(28): 8204-5.

[133] Eustis S, El-Sayed M. Aspect ratio dependence of the enhanced fluorescence intensity of gold nanorods: Experimental and simulation study[J]. J Phys Chem B, 2005, 109(34): 16350-6.

[134] Wu P G, Zhu J H, Xu Z H. Template-assisted synthesis of mesoporous magnetic nanocomposite particles[J]. Adv Funct Mater, 2004, 14(4): 345-51.

[135] He T, Chen D R, Jiao X L. Controlled synthesis of Co_3O_4 nanoparticles through oriented aggregation[J]. Chem Mater, 2004, 16(4): 737-43.

[136] Sheldrick W S, Wachhold M. Solventothermal synthesis of solid-state chalcogenidometalates [J]. AngewandteChemie-International Edition in English, 1997, 36(3): 207-24.

[137] Manoli F, Dalas E. Spontaneous precipitation of calcium carbonate in the presence of ethanol, isopropanol and diethylene glycol[J]. J Cryst Growth, 2000, 218(2-4): 359-64.

[138] Chen S F, Yu S H, Yu B, et al. Solvent effect on mineral modification: Selective synthesis of cerium compounds by a facile solution route[J]. Chemistry-a European Journal, 2004, 10(12): 3050-8.

[139] Yang Y, He Q, Duan L, et al. Assembled alginate/chitosan nanotubes for biological application[J]. Biomaterials, 2007, 28(20): 3083-90.

[140] Tan P H, Zhang S L, Yue K T, et al. Comparative Raman study of carbon nanotubes prepared by dc arc discharge and catalytic methods[J]. J Raman Spectrosc, 1997, 28(5): 369-72.

[141] Wang J, Chen Q W, Zeng C, et al. Magnetic-field-induced growth of single-crystalline Fe_3O_4 nanowires[J]. Adv Mater, 2004, 16(2): 137-40.

[142] Tang W Z, Huang C P. Effect of chlorine content of chlorinated phenols on their oxidation kinetics by Fenton's reagent[J]. Chemosphere, 1996, 33(8): 1621-35.

[143] Pignatello J J. DARK AND PHOTOASSISTED FE3+ -CATALYZED DEGRADATION OF CHLOROPHENOXY HERBICIDES BY HYDROGEN-PEROXIDE[J]. Environ Sci Technol, 1992, 26(5): 944-51.

[144] Martinez F, Calleja G, Melero JA, et al. Iron species incorporated over different silica supports for the heterogeneous photo-Fenton oxidation of phenol[J]. Appl Catal B-environ, 2007, 70(1-4): 452-60.

[145] Ndjou'ou A C, Bou-Nasr J, Cassidy D. Effect of Fenton reagent dose on coexisting chemical and microbial oxidation in soil[J]. Environ Sci Technol, 2006, 40(8): 2778-83.

[146] Howsawkeng J, Watts R J, Washington D L, et al. Evidence for simultaneous abiotic-Biotic oxidations in a microbial-Fenton's system[J]. Environ Sci Technol, 2001, 35(14): 2961-6.

[147] 赵超, 黄应平. 可见光异相 photo-Fenton 体系降解有机染料橙 II[J]. 环境工程学报, 2007(6).

[148] Miyazaki T, Nagasaka S, Kamiya Y, et al. FORMATION OF EXCITED OH RADICALS IN HIGH-ENERGY-ELECTRON-IRRADIATED ICE AT VERY-LOW TEMPERATURE

[J]. Journal of Physical Chemistry, 1993, 97(41): 10715 - 9.

[149] Bandara J, Morrison C, Kiwi J, et al. Degradation/decoloration of concentrated solutions of Orange Ⅱ. Kinetics and quantum yield for sunlight induced reactions via Fenton type reagents [J]. J PhotochPhotobio A, 1996, 99(1): 57 - 66.

[150] Jiang J, Bank J F, Scholes C P. Subsecond time - resolved spin - trapping followed by stopped - flow epr of fenton reaction - products[J]. J Am Chem Soc, 1993, 115(11): 4742 - 6.

[151] Karakitsou K E, Verykios X E. Effects of altervalent cation doping of TiO$_2$ on its performance as a photocatalyst for water cleavage[J]. Journal of Physical Chemistry, 1993, 97(6): 1184 - 9.

[152] Mohamed M M, Al - Esaimi M M. Characterization, adsorption and photocatalytic activity of vanadium - doped TiO$_2$ and sulfated TiO$_2$(rutile) catalysts: Degradation of methylene blue dye [J]. J Mol Catal A - chem, 2006, 255(1 - 2): 53 - 61.

[153] 李文燕, 刘姝瑞, 张明宇, 等. 印染废水处理技术的研究进展[J]. 成都纺织高等专科学校学报, 2016, 33(4): 142 - 146.

[154] 王智. 光催化氧化法降解印染废水中结晶紫的实验研究[J]. 工业安全与环保, 2014 (8): 71 - 72, 76.

[155] 卢徐节, 刘琼玉, 刘延湘, 等. 高级氧化技术在印染废水处理中的应用[J]. 印染助剂, 2011, 28(5): 7 - 11.

[156] 魏令勇, 郭绍辉, 阎光绪. 高级氧化法提高难降解有机污水生物降解性能的研究进展 [J]. 水处理技术, 2011, 37(1): 14 - 19.

[157] 徐金球, 贾金平, 徐晓军, 等. 超声空化效应降解焦化废水中有机物的研究[J]. 高校化学工程学报, 2004, 18(3): 344 - 350.

[158] 王有乐, 常德政, 袁金华. 双氧水助光催化降解直接大红染料废水的研究[J]. 兰州理工大学学报, 2007, 33(2): 70 - 72.

[159] 赵菁, 张改, 马爱洁, 等. 高级氧化法处理模拟印染废水的研究[J]. 工业水处理, 2015, 35(3): 37 - 39, 56.

[160] 潘洁. 高级氧化技术处理印染废水研究进展[J]. 北方环境, 2013, 29(3): 100 - 103.

[161] Stasinakis A. S. Use of selected advanced oxidation processes (AOPs) for wastewater treatment — a mini review[J]. Global Nest Journal, 2008, 10(3): 376 - 385.

[162] Gogate P R, Pandit A B. Sonophotocatalytic reactors for wastewater treatment: a critical review [J]. Aiche Journal, 2004, 50(5): 1051 - 1079.

[163] 彭书杰. 碳纳米管改性填料对氟碳涂料性能的影响[J]. 广州化工, 2014, 41(21): 91 - 92.

[164] 梁馨, 方洲, 罗丽娟, 等. 碳纳米管改性对碳/环氧复合材料层间性能的影响[J]. 宇航材料工艺, 2016, 46(4): 56 - 59, 76.

[165] 闵嘉康. 碳纳米管改性方法及其在复合材料制备中的应用[J]. 科协论坛, 2012, 26(5): 118 - 120.

[166] Zhou J, Booker C, Li R, et al. An electrochemical avenue to blue luminescent nanocrystals

from multiwalled carbon nanotubes (MWCNTs)[J]. Journal of the American Chemical Society, 2007, 129 (4): 744 – 745.

[167] 侯新刚, 李树军, 姜丽丽, 等. 碳纳米管复合材料的应用及发展方向[J]. 现代化工, 2016, 37(4): 61 – 64.

[168] 马建中, 储芸, 高党鹤. 表面活性剂在纳米材料领域中的应用[J]. 日用化学工业, 2004, 34(6): 374 – 376.

[169] 陈伟, 超声辐照降解水中有机污染物的研究[D]. 上海: 同济大学博士论文, 2000.

[170] 华彬, 陆永生. 超声技术降解酸性红 B 废水[J]. 环境科学, 2000, 21(2): 88 – 90.

[171] 张文荣, 孙家寿, 陈金毅, 等. 累托石/氧化亚铜纳米复合材料的制备及光催化性能研究 [J]. 环境工程学报, 2011, 4(5): 956 – 960.

[172] 冉东凯, 储德清. 纳米氧化亚铜的制备及其对降解亚甲基蓝的催化性能[J]. 天津工业大学学报, 2010, 29(1): 60 – 63.

[173] 曲余玲. 纳米氧化亚铜的制备及光催化性能研究[D]. 大连: 大连理工大学, 2007: 28 – 42.

[174] 魏明真, 霍建振, 伦宁, 等. 一种新型的半导体光催化剂——纳米氧化亚铜[J]. 材料导报, 2007, 21(6): 130 – 131.

[175] 钱建华, 何轶奕, 许家胜. 氧化亚铜微纳米晶体形貌控制合成的研究进展[J]. 材料导报, 2013, 27(4): 31 – 36.

[176] 芮延年, 刘文杰, 王明娣等. 高浓有机废水的纳米催化超声裂解处理[J]. 中国给水排水, 2003, 19: 64 – 66.

[177] 葛建团, 曲久辉. 超声 – MnO_2 协同降解偶氮染料酸性红 B 废水[J]. 高技术通讯, 2003, 4: 92 – 94.

[178] 张选军, 戴友芝, 唐受印. 超声波/纳米铁协同降解氯代苯酚的试验[J]. 环境污染治理技术与设备, 2005, 6(11): 19 – 22.

[179] 杨凤林, 全燮, 薛大明等. 水中氯代有机化合物处理方法及研究进展[J]. 环境科学进展, 1996, 4(6): 36 – 41.

[180] 刘福强. 碳纳米管海藻酸钠复合材料对污水中重金属离子的吸附性能研究[D]. 青岛: 青岛大学, 2010: 54 – 64.

[181] 王美玲. 固废基吸附剂对废水中重金属离子的去除性能研究[D]. 太原: 太原理工大学, 2016: 77 – 85.

[182] 高丽娟. 离子交换工艺处理电镀镍废水的性能研究[D]. 哈尔滨: 哈尔滨工业大学, 2016: 43 – 56.

[183] 王娜娜. 水中重金属的快速判别与铜铬镍快速检测方法研究[D]. 哈尔滨: 哈尔滨工业大学, 2014: 22 – 25.

[184] 梁莎. 化学改性生物吸附剂合成及其对重金属离子吸附行为研究[D]. 长沙: 中南大学, 2012: 33 – 38.

[185] 刘彬. 新型生物吸附剂对水中重金属离子的吸附性能研究[D]. 重庆: 西南大学, 2012: 72 – 79.

[186] 段志伟, 揭晓华, 张艳梅, 等. 多壁碳纳米管的酸处理工艺研究[D]. 广州: 广东工业大学材料与能源学院, 2012: 1 - 2.

[187] 李伟. 羟基自由基对碳纳米管的化学改性[D]. 上海: 华东师范大学, 2005: 40 - 50.

[188] 王慧, 薛建伟, 赵慧玲, 等. 酸处理碳纳米管吸附氯气的性能研究[J]. 应用化工, 2011, 40(6): 981 - 984.

[189] 吴秀红. 非线性色谱吸附等温线及酶催化反应色谱的研究[D]. 大连: 大连理工大学, 2010: 50 - 58.

[190] 徐立恒, 张明, 陈锋, 等. 碳纳米管基复合吸附剂的制备及其吸附性能[J]. 环境科学学报, 2014, 34(6): 1443 - 1448.

[191] 赵伟高. 磁性多壁碳纳米管的制备及其吸附性能研究[D]. 天津: 天津大学, 2016: 43 - 46.

[192] 曾超. 改性多壁碳纳米管对水中 Sb(Ⅲ) 的去除效能及机理研究[D]. 浙江: 浙江大学, 2013: 22 - 26.

[193] 任晓东. 磁性多壁碳纳米管吸附水中重金属离子的动力学与热力学[J]. 天津城市建设学院学报, 2012: 18(2): 112 - 118.

[194] 刘泊良. 改性多壁碳纳米管吸附水中重金属离子的研究[D]. 河南: 河南工业大学, 2011: 57 - 89.

[195] 任锦霞. 高氟废水除氟实验研究[D]. 西安: 西安建筑科技大学, 2004: 72 - 84.

[196] 李江. 吸附法处理重金属废水的研究进展[J]. 应用化工, 2005(10): 4 - 7.

[197] 贾燕. 重金属废水处理技术的概况及前景展望[J]. 中国西部科技(学术), 2007(4): 10 - 13.

[198] 刘苛. 磁性多壁碳纳米管吸附去除水中 Cu(Ⅱ) 和亚甲基蓝的研究[D]. 长沙: 湖南大学, 2015: 66 - 78.

[199] 于飞. 改性碳纳米管的制备及其对苯系物和重金属吸附特性研究[D]. 上海: 上海交通大学, 2013: 98 - 110.

[200] 张仁彦, 张学鹜, 贾红辉, 等. 基于碳纳米管修饰电极的甲醛生物传感器[J]. 分析化学, 2012, 40(6): 909 - 914.

[201] 陈光才. 碳纳米管对污染物的吸附及其在土水环境中的迁移行为[J]. 环境化学, 2010, 29(2): 159 - 168.

[202] 李宇. 碳纳米管—羟磷灰石对重金属的吸附特性研究[D]. 大连: 大连理工大学, 2015: 44 - 56.

[203] 颜景顺. 电镀废水处理技术与工艺在工程中的应用与研究[D]. 浙江: 浙江大学, 2014: 39 - 55.

[204] 李楠. 铁氧体去除水中重金属和大肠杆菌的研究[D]. 哈尔滨: 哈尔滨工程大学, 2013: 64 - 78.

[205] 邹瑜. 新型重金属吸附材料[D]. 上海: 东华大学, 2008: 23 - 45.

致　谢

　　本专著是本人近几年来开展碳纳米管研究工作的一些科研成果。碳纳米管（CNTs）因其本身具有一维纳米尺度、高比表面积、电子传导特性、机械强度和化学稳定性等特点，在很多领域有广泛的应用。本专著主要研究碳纳米管及其复合材料在环境领域的利用。研究碳纳米管的吸附行为以及利用碳纳米管负载金属氧化物作为Fenton试剂催化降解有机污染物。

　　本工作得到了衡阳师范学院科学基金项目（16D07）、2017年衡阳师范学院校级优质课程（No.YZKC201787）、湖南省教育厅教研项目（No.2019654），湖南省教育科学研究工作者协会课题（XJKX19B160）、衡阳师范学院产学研项目（18CXYY06），特此致谢。

邓景衡

2019年6月于衡阳师范学院

图书在版编目（CIP）数据

碳纳米管及其复合材料在环境领域中的应用／邓景衡
著. —长沙：中南大学出版社，2019.8
　ISBN 978－7－5487－3757－5

　Ⅰ.①碳… Ⅱ.①邓… Ⅲ.①碳－纳米材料－研究
Ⅳ.①TB383

中国版本图书馆 CIP 数据核字(2019)第 205297 号

碳纳米管及其复合材料在环境领域中的应用
TANNAMIGUAN JIQI FUHE CAILIAO ZAI HUANJING LINGYU ZHONG DE YINGYONG

邓景衡　著

□责任编辑	潘庆琳	
□责任印制	易红卫	
□出版发行	中南大学出版社	
	社址：长沙市麓山南路	邮编：410083
	发行科电话：0731－88876770	传真：0731－88710482
□印　　装	长沙印通印刷有限公司	

□开　　本	710 mm×1000 mm　1/16　□印张 8　□字数 158 千字	
□版　　次	2019 年 8 月第 1 版　□2019 年 8 月第 1 次印刷	
□书　　号	ISBN 978－7－5487－3757－5	
□定　　价	58.00 元	